爱上铸铁锅

铸铁锅的不败料理秘籍（上册）

从开始做菜的那一刻，感受幸福的美味力量。

从以前就爱用的酷彩铸铁锅，现在有一些款式已经停产。

如果要用一句话来形容酷彩铸铁锅，我想那应该就是"值得信赖的锅具"。对我而言值得信赖的东西并不多，而像酷彩这样的锅具，却能将料理者的心意完整地传达出去，让人安心地把接下来的事情全交给它，也只有这种"值得信赖的锅具"，才有能力去回应料理者的心情。对我来说，它是一个强而有力的好伙伴。

我认为做出美味的料理，技巧的比重其实只占少数，这是我在长期做菜中领悟的真谛。料理者的首要任务，就是将食材原有的能量彻底发挥出来，所以不管花费多少时间与心力烹煮，只要是好吃的食材就能瞬间让人感动。"料理首重食材"是我长期体会所得到的切身感受。

这时候，如果能使用好的锅具，就能将食材的原

水槽下方是铸铁锅的专属位置。

味更自由地发挥出来。"煮菜时，要好好地看着锅中哦！"这是我以前的料理师傅阿部直先生说过的话，而现在，这句话已经成为了我的座右铭。

"做菜"就是将锅中的食物培育出来，我觉得有时候锅子甚至会教你如何料理。例如水煮蛋，刚从冰箱拿出的鸡蛋，如果一开始就以大火烹煮，蛋壳很容易因为温度差异过大而破裂。相反地，透过细火慢慢炖煮出来的食物，热度会一点一滴缓缓渗透进食材中，让料理变得既入味又好吃。因此，"温柔地加热"无论是对肉类、萝卜、芋头，还是对人来说都是非常重要的事。

"美味"是一件很不可思议的事情。该怎么形容呢？它不只是食物的味道或舌尖上的感受触动了情绪，而是一种骤然而降的真实感动。吃到美食的同时，人会不由自主地开心起来，我想那是因为食

一边搅拌锅中的食物，一边慢慢带出食材的原味。

物与人的身心产生了直接联结的关系。

餐厅或饭店的食物虽然也很棒，但却没办法连续吃太多天；每天都能享受的"美味"，我想还是只有家常饭菜吧！拼凑着可供花费的少数时间与金钱，为自己和最重要的人做一顿美味的料理，这种心情支撑着我们渡过生活中的每一天。

在厨房里开始乒乒作响地做菜，暖烘烘的炉火让整个房子都温暖了起来，接着开始传出阵阵的香味……就这样，在打开锅盖的瞬间，象征幸福的热气缓缓升起，是不是很棒呢？原来，幸福就藏在锅子里！

枝元なほみ

目 录
CONTENTS

Part ❶

实现你的美味愿望！
酷彩铸铁锅，让幸福升级

Part ❷

用酷彩施展魔法！
这些家常菜再也难不倒你

Part ❸

炖出这一刻的幸福
宴客最适合！铸铁锅炒煮料理

Part ④

百变造型瓷器，
做出美味小菜＆点心！

Before You Start | 使用指南

① 本书中的"一杯"为200ml，"一大匙"为15ml，"一小匙"为5ml。

② 本书中微波炉的加热时间是以功率为500W的机器为准。若使用600W的微波炉，则需将加热时间缩短二成；同理，400W的微波炉则需增加二成的加热时间。

③ 使用烤箱制作料理或点心时，请依指示温度预热。

④ 蒸煮或蒸烤料理时，若耐热容器没有专用盖子，放进烤箱时可盖上锡箔纸，使用微波炉时则可先覆上保鲜膜。

Part 1

聚在一起享受美食，
就是无比幸福！

实现你的美味愿望！
酷彩铸铁锅，让幸福升级

"每天都能开心地享受美味料理！"

这对想快乐生活的人来说是最重要的事。

如果与能更多人欢聚在一起，一定会更棒。

而酷彩铸铁锅就能帮你实现愿望！

这一章，我们将更进一步认识酷彩。

相聚时刻，酷彩不缺席

拿到一本全新食谱，准备试试手艺；
发现一瓶香醇的好酒，想开瓶庆祝一番；
庭院的香草采收下来，刚好可以入菜。

邀请朋友相聚用餐，用任何理由都可以。
和三五好友相聚，一边吃饭、一边聊天，
那是多么开心的一段美好时光啊！

最近是不是没时间好好坐下来一起吃饭？
虽然会互相关心近况，但见面机会却越来越少？
能让众人欢聚的餐桌，除了温暖的香气之外，
还要飘散一股让人放松的温馨气氛才行。

对了，有一句话不是这样说的吗？
"围炉"就是团聚吃一顿饭，联结彼此的心。

这种场合，就是酷彩的出场时刻了。
造型可爱、色彩多变的锅身，放在桌上就是种视觉享受。
在众人面前打开锅盖，让热气缓缓升起，
"哇！"大家发出愉快的欢呼声就是一种享受。
我们举杯庆祝，让这无可取代的重要时刻，
缓缓地、慢慢地流过眼前吧！

▲用酸奶做成点心，再加上蜂蜜水果干点缀，加在冰淇淋或可丽饼上也很搭。

▼只要在桌垫的材料、形状和颜色上多花点心思，就能产生让人意想不到的效果！

　　邀请大家一起用餐时，首先要思考的就是"该煮什么？"以及"餐桌该如何布置？"其实，举办开心的派对真的不必烦恼太多！因为有许多作法简单的食谱，不需要忙得汗流浃背，就能让人享受无比的美味。而酷彩的锅具品项相当多变，只要一件简单的单品，无论是三五好友间的休闲聚会，还是想让人有宾至如归感受的豪华大餐，都能轻松驾驭。

　　这里要介绍的是适合每天享用的"日常餐桌料理组合"，有一道朴实的主菜，加上面包、红酒以及餐后甜点。接下来要登场的料理是做起来一点也不费力的蒸煮蔬菜沙拉，以及分量十足的牧羊人派。最后，再加上点缀蜂蜜水果干的酸奶作为点心。

　　这里的任何一道料理都不需要花费许多功夫，美味就能手到擒来！因为这些料理都是单纯地发挥了食材原有的美味，所以只要吃上一口，就能享受食物完整的自然甘甜，而且色彩丰富、营养满分。

　　此外在餐桌布置上，也不需要使用特殊道具，只要把酷彩铸铁锅原封不动地摆上，整个餐桌就能瞬间华丽变身！而盛装料理的盘子，只要选用单纯朴实的白色系即可，接着将点心放在玻璃小碗上，就是一场美味的欢乐缋宴了。

　　我建议使用餐巾作为改变餐桌风格的小道具。这里使用的是既休闲又带点别致的白底黑色花纹餐巾。可以依照料理来决定餐巾的主色调，例

邀请朋友用餐时，不需要准备特别花功夫的料理，只要做几道简单的美味佳肴，就能满足众人的胃。餐桌布置的原则也是如此，只要选择常用的餐具即可，再加上一些小杂货作为点缀，餐桌的风格就会变得非常丰富。
＊蒸蔬菜沙拉佐柠檬芝士蘸酱（P19）、牧羊人派（P69）、酒渍果干蜂蜜（P103）。

　　如：选用色彩鲜艳的餐巾，来场华丽的演出；也可以找出客人喜爱的品味。例如：选用沉静色调的餐巾，将整体收束得更加成熟。此外，也可以在丰富的色彩与花样中做选择，这都是很好的尝试。

　　以锅子为主角的餐桌，还有另一个可以选择的小道具，那就是桌垫。大多数人在选择桌垫时，都会着眼于实用性；但是换个角度来想，桌垫从质朴风格到浪漫蕾丝风格，或是复古的铁制品，有各式各样不同的种类可供选择。因此不妨配合食材、形状与整体色调，选择适合的桌垫吧！

实用又方便的料理好帮手！轻巧可爱的造型瓷器，

"只要不经意就很美好。"无论是天天吃的日常料理，还是偶而用来招待客人的豪华大餐，都不需要特别装饰，只要自然地流露出温暖的气氛就好，真想打造出这样的餐桌！

酷彩的造型瓷器，不但能放进烤箱、电磁炉中，就连用来装沙拉、甜点也都非常合适，使用范围广泛。此外，造型瓷器拥有美丽的色彩，不但能让食物看起来更加美味，还能丰富餐桌的风格。下面将介绍造型瓷器的各种使用方法，相当简单，相信大家一定都能快速上手。

酷彩是勤劳的器具！
这是在厨房里等待上场的蔬菜们。把酷彩铸铁锅或造型瓷器，像这样不经意地摆放在桌上，就能呈现休闲的氛围。等到食材准备好之后，就能直接变身料理器具。

Table flower
牛奶瓶状的造型瓷器，不仅能用来盛装牛奶或酱料，只要插上可爱的小花或绿色植物，就能为餐桌增添不少色彩，就像打了盏灯一样，让餐桌不可思议地明亮了起来。

酷彩的锅子或造型瓷器可以当作分装容器，等食材料理好后，直接放进烤箱烘烤，这就是我的使用秘技！

Bread & Jam

我用焗烤专用的酷彩长方形烤盘来盛装面包，果酱则放在白色的迷你酱料钵里。在忙碌的早晨，或是大家一起享用午餐时，用这种质朴的风格来享用面包，感觉还不错吧！深蓝与白色的搭配是不是也很清爽美丽呢？

Olive & Nuts

小尺寸且附盖子的造型瓷器是万能帮手。不但能盛装下酒小点心，也能用来摆放蘸酱、沙拉酱或中药。此外，还能用来盛装芝士、鲜奶油、点心或沙拉，使用的方法可谓千变万化。

Glass tray

长方形烤盘能用来当作托盘。因为盘子内部有一定的深度，不用担心杯子会滑出来。把几个样式简单的玻璃杯堆放起来，再放上一些纸巾，饮料区就完美成形！最适合用在休闲宴会或夏天的家族聚会上。

铸铁锅&造型瓷器使用完全攻略

如果想要完全掌握使用技巧，彻底了解每个器具的不同特性是最好的方法。
酷彩的锅具是铸铁打造而成的珐琅锅，而造型瓷器则是耐热器皿。

[铸铁锅]

特　征

　　说到沉重的铸铁锅，首先想到的就是它优良的导热功能了。温暖的热度能快速地传至整个锅体，使食材均匀受热，做出美味的料理。此外，铸铁锅还有保温性良好、熄火后菜也不容易凉掉的特征。关火之后，只要让余温慢慢加热，就能让料理的调味渗透得刚刚好。最后，铸铁锅的耐用性更是好得没话说，只要小心珍惜，使用的年限甚至能超越世代。

◆　　**直火加热、烤箱、电磁炉、电热炉** ○
　　　微波炉 ×

使用技巧

从"中火"开始加热

　　最近除了煤气炉之外，IH电磁炉等料理用具也不断推陈出新，而且无论哪一种料理工具，火力都相当强。但是为了锅子着想，大火的烹调方式是绝对禁止的，一定要从中火开始加热，等锅子热了之后，再转为小火。

　　如果使用煤气炉，"中火"就是指火焰集中在锅底中心部位的状态；而"中火至小火"则是将中火的火焰稍微转小即可。至于IH电磁炉，因为导热效率佳，温度上升极快，火力请先设为3~4的中火，之后再转为2~3的小火进行料理。

煮饭、炖菜或做甜点，都难不倒它！

铸铁锅可以用来炖煮、油炸或煮饭，烹调方式广泛，尤其对炖煮、炒煮、蒸煮及汤品特别在行。沉重密实的锅盖能将蒸气牢牢地锁在锅内，除了引出食材原有的美味外，还能将调味料完整地渗入食材中；但相反地，如果是快炒或必须保留清脆口感的料理就不适合了。

此外，珐琅内壁不容易沾染味道和香气，不必担心料理的颜色会残留锅内。另一方面，铸铁锅在对抗柠檬及酒等酸性物质方面也有很好的功效，所以煮完咖喱之后，能马上接着做甜点或果酱，即使是味道完全不同的料理也没问题！

依据料理，选用合适的锅子

要说尺寸、形状都刚刚好，而且又顺手的万能款式，就属圆锅了。此外还有妈咪锅、椭圆铁锅、浅底锅及酱汁锅等，只要依照料理的特性，选择合适的锅具，使用起来就会非常方便。

例如，煮鱼时使用浅底锅，鱼体形状就不容易散掉。另外无论是炖煮、蒸煮、先炒后煮，或是煎过之后再放进烤箱慢慢加热，浅底锅都是你最佳的选择。它能代替平底锅，拿来煮鱼、做寿喜烧、火锅、炖汉堡肉排、西班牙欧姆蛋、焗烤等，使用方法五花八门。

另外，不管是一个人住，或是两三人的小家庭，想稍微煮个简单的东西来吃时，酱汁锅就是最好的选择。用它来煮汤、油炸或热菜都非常方便。

[造型瓷器]

特征

造型瓷器是经由 1250℃ 高温烧制而成的耐热容器，以专业术语来说，就是介于陶器与瓷器之间的"炻器"。经由高温烧制而成，容器上所含的空气气孔密度较低，所以水分不易渗透，"不容易刮伤"是它最大的特征之一。

造型瓷器色彩丰富且造型可爱，不仅常被用来作为餐桌上的餐具，广受大家喜爱；在厨房里也能经常活用，无论做点心或小菜都很方便。造型瓷器的耐热温度高达 260℃，耐冷则至 −20℃。

◆ **微波炉、烤箱、吐司烤箱（皆可耐热至 260℃）、蒸煮容器○ 冷冻○ 直火加热、电磁炉、电热炉 ×**

使用技巧

做常备菜、便当的配菜总少不了它

想要再加一道菜时，只要事先做好常备菜，就会非常方便。将少量的材料放进造型瓷器里调味，再微波一下即可。此外，也可以使用当季的水果做成的糖渍水果盘，或是便当的配菜，方法应有尽有。

冷藏保存或直接上桌都 OK！

将食材料理好之后，只要让热气散掉，再盖上盖子，就能直接放进冰箱冷藏或冷冻保存；如果想直接放上餐桌也可以。此外，加热从冰箱拿出来的冷冻焗烤时，烤箱不可以先预热，一定要从常温开始加热才行。有了造型瓷器，无论什么料理都能热腾腾地直接上桌，料理器具也能立即华丽变身，用来点缀餐桌！

当作点心模型，缤纷又可爱！

爱心或圆形的造型瓷器，也能直接用来充当点心模型。制作海绵蛋糕、舒芙蕾或布丁时，无论是烤或蒸，都能拿来做模型使用。此外，用来当作芭芭露亚或果冻等冷却后的固定模型也都可以哦！

众所喜爱的酷彩铸铁锅，
诞生于北法恬静的小村庄中

▲办公室

▼恬静的小乡村

▲▶停车场里的铸铁
锅装饰柱

　　酷彩的公司位于法国北部埃纳省圣康坦市（Saint-Quentin）市郊，一个名叫大弗雷努瓦（Fresnoy-Le-Grand）的小村落。从巴黎开车需要约 2 小时的车程，是一个离法国与比利时国界很近的地方。

　　法国北部是煤炭、砂及铁的重要产地，早在 200 年前，这一带就开始生产铸铁制品。1925 年，酷彩开始在这里投入生产，当时的工厂所在地大弗雷努瓦人口只有 3000 多人，几乎家家户户都从事农业，而村中约 1/6 的人都在工厂工作，可谓名副其实的"酷彩（LE CREUSET）村"。在这里，许多人都是亲子代代相传，以职人的身份持续铸造铸铁锅，花费漫长的岁月磨练手艺，将这项传统技艺的精髓不断传承下去。

　　说到这里，各位读者们知道酷彩（LE CREUSET）这个品牌名的由来吗？"Creuset"在法文中指的是"坩埚"，是一种将高温熔化后的铁浆倒进模型中的传统制法，在"Creuset"前面加上定冠词"Le"，就成了现在受人喜爱的铸铁锅经典品牌——酷彩（LE CREUSET）。

Q 有小孩的四人家庭，该选什么尺寸的锅具？

A 建议使用直径 20~22cm 的圆锅，不但非常顺手，而且重量也适中，无论炖煮、炒、炸或烤箱料理都能轻松驾驭，也能煮出好吃的米饭。煮饭的时候，米与水的比例为 1:1.1，20cm 的锅子能煮 2~3 杯米，22cm 的锅子则能煮 3~4 杯米。

Q 为什么按照指示的分量煮，却还是有多余的水分？

A 沉重的锅盖让蒸气不容易散失是铸铁锅的一大特征，从食材里释出饱含美味成分的蒸气会完整地保留在锅中，最后再还原成水分。因此，如果按照一般的食谱分量烹煮，有时确实会有水分过多的情形发生，这时不妨将水的分量减少一成，或是视实际情况作调整。

Q 食谱中的大火、中火、小火的强度，该怎么区别？

A 虽然有些煤气炉附有刻度标示，但是最好的方式还是配合锅子大小来调节火力。**大火**→锅底全面接触到火焰的状态；**中火**→锅底的中央接触到火焰的状态；**小火**→火弱到几乎快熄灭，锅底与火焰之间留有一点空间的状态。

Q 为什么烹调过程中很容易溢出来？

A 可能是因为锅中的食材放多，或是火开太大，导致剧烈沸腾的缘故。食材请最多放至锅子的 6~7 分满；至于火力的部分，酷彩的锅具一定都要以中火加热，等锅子热了之后，再转为小火，大火则是绝对禁止的。

Q 菠菜或青花菜可以在不加水的情况下烹调吗？

A 酷彩铸铁锅没办法在不加水的情况下烹调料理，请务必加水来进行烹调。但是因为锅子的密闭性相当好，而且导热均匀，在料理时可以比平常少放一些水。而"蒸煮"的烹调方式，就是铸铁锅的强项之一。

Q 连同锅盖放进烤箱烘烤，锅盖头不会融化吗？

A 黑色锅盖头的耐热温度高达190℃，如果在这个温度以下进行烹调，即使放进烤箱中也没有问题；但如果不盖上锅盖，或改用不锈钢锅盖头，就算温度超过190℃也无所谓。

Q 享受户外生活时，可以用营火烹调料理吗？

A 如果是可以调节火力的炉子，就算在野外使用也不成问题；但铸铁锅不能像荷兰锅那样，直接放在营火或炭火上烧烤。不能调节火力的烤箱或日式围炉，都可能伤害到锅子，请避免使用。

Q 煮了满满的一锅咖喱，可以直接放进冰箱冷藏吗？

A 没问题！但是剧烈的温度变化可能会伤害锅体，请特别注意。一定要等到锅子与咖喱都完全冷却之后，再放入冷藏；从冰箱中取出后也同样要放置一段时间，等它恢复常温之后，再进行加热。

Q 锅子内壁染上茶色脏污，有没有保养方法？

A 如果食材卤汁或残渣附着在锅子内壁上，可以用海绵蘸一些小苏打粉，或使用专用的清洁剂清洗；如果是因为锅子内壁的珐琅有细微损伤，而导致食物或调味料的颜色沉淀，那就无法恢复原状了。

这种因为损伤而形成的脏污，并不会影响正常使用，但如果不想让损伤持续恶化，就必须避免使用大火烹调，或不小心让锅具烧焦。此外，无论遇到任何状况，都不能使用漂白剂或厨房用的清洁剂清洗锅子。

使用与保养

酷彩 | 造型瓷器篇

Q 可以用迷你烤盅制作婴儿副食品吗？

A 造型瓷器用色可爱，小尺寸的容器当作婴儿用的器皿非常合适。可以把它放进微波炉、烤箱（耐热至260℃），或当作蒸盘来加热料理。比如炖煮蔬菜或制作咖喱、浓汤等料理时，在家里就可以事先用水将食材烫熟，等到要吃之前再进行料理即可。随着孩童成长时期的不同，可以做一些蔬菜汤、较软烂的炖煮菜、稀饭、焗烤、布丁、果冻或蒸面包等，只要多花一些心思，婴儿副食品也能非常丰富多元。

Q 造型瓷器可以放进蒸气式烤箱吗？

A 烤箱的蒸气功能会使温度升高至300℃以上，而酷彩造型瓷器的最高耐热温度是260℃，因此不能使用。此外，烤箱的一键功能（焗烤、汉堡等专用），同样也会使烤箱的温度过高，所以一定要以手动模式，将温度设定至260℃以下才能使用。

Q 造型瓷器的锅盖损毁，可以单买锅盖吗？

A 附盖的造型瓷器只能整组购买，所以没办法单买锅盖。但是就算没有盖子，也可以按照原先的使用方式来进行料理，或是当作造型餐具使用。

Q 可以放进小烤箱里，制作烤鸡蛋或焗烤料理吗？

A 小烤箱距离火源较近，而且空间较小，温度容易升高也是一大问题。如果是可以设定温度的机种，只要在260℃以下进行料理，原则上是没问题的。

耐用的酷彩锅具，法国女人的传家宝

▲ 20 世纪 60 年代的酷彩宣传海报

　　各位知道酷彩的第一个锅子是什么颜色吗？答案是"橘色"，因为橘色就是铁融化时的颜色，而酷彩也就是从这只橘色锅子开始，展开了它漫长的历史，之后酷彩便持续打造这种具有相当重量且密实的珐琅铸铁锅。

　　随着岁月的流逝，主妇们常因为年纪渐长而使不出力，渐渐无法使用沉甸甸的铸铁锅。因此在法国，母亲会将自己已经无法使用的酷彩铸铁锅，连同家传的食谱秘方一起传承给女儿，然后再由女儿传给孙女，像这样代代相传的家庭相当多。此外，酷彩铸铁锅不只可以当作女儿的嫁妆，有时也会传给儿子或侄子女，可见酷彩铸铁锅非常受法国民众的喜爱！

　　酷彩铸铁锅进口以来，同样也受到广大民众的喜爱，即使锅子因为经年累月的使用，而有些刮伤或缺损，也是一种特殊的味道和令人喜爱的风格。希望各位都能秉持着这样的信念，持续珍惜这个风靡全球的经典锅具。

Part 2

不费力、不费时，
美味轻松上桌！

用酷彩施展魔法！
这些家常菜再也难不倒你

餐餐端出豪华佳肴根本是天方夜谭，
将食材应有的美味完整引导出来，
做出省时又省力的"家常菜"才是最重要的。

蒸蔬菜沙拉
佐柠檬芝士蘸酱

在蔬菜上撒一些盐，再加入少许的水，
借助锅子的力量，将食材的美味完整封存。
清爽的蔬菜搭配酱汁，温热又多汁！

材料（4人份）

南瓜…………………1/8 颗（200 g）
胡萝卜……………………………1 根
节瓜………………………………1 根
白色花椰菜……………………1/2 颗
盐…………………………………少许
水……………………………… 2/3 杯
黑胡椒粒………………………… 适量
柠檬风味芝士蘸酱
┌ 奶油芝士………………………60g
│ 牛奶…………………………… 2 大匙
│ 蜂蜜…………………………1/2 小匙
│ 柠檬汁………………………1/2 小匙
└ 鸡粉、盐……………………… 少许

使用道具：
♥ 酷彩铸铁圆锅
♣ 酷彩迷你爱心烤盅

作法

❶ 将南瓜切成约 1.5cm 厚的瓣状；胡萝卜先横切，将长度折半，再将粗的部分纵切成 6 等份的条状，细的部分则切成 2~4 等份的条状；节瓜切成约 1.5cm 厚的片状；白色花椰菜切成小朵状。

❷ 在锅中加入作法❶的食材，撒上一些盐，加入 2/3 杯的水，再盖上锅盖。

❸ 先开中火烹煮，等锅子热了之后，转成小火蒸煮 7~8 分钟，直到能以竹签刺穿南瓜和胡萝卜的程度为止。最后，撒一些黑胡椒粒即可。

❹ 制作柠檬芝士蘸酱。在烤盅中加入奶油芝士和牛奶，盖保鲜膜后放进微波炉加热 30 秒，再搅拌均匀。加入蜂蜜、柠檬汁、鸡粉、盐，搅拌至滑顺为止。

▲ 在蔬菜上撒盐搅拌一下，接着
　将食材摊平后再加水。

▲ 柠檬芝士蘸酱

和风蒸蔬菜佐肉味噌蘸酱

虽然和风蔬菜的色彩与风味较为朴素，
但是经过蒸煮后，蔬菜的味道就会变得更有深度。
再搭配独门蘸酱，就是令人直呼满足的一道佳肴！

材料（4 人份）

山药	约 8 厘米长
茄子	3 根
辣椒（比较不辣的）	6~8 根
舞茸	1 包
盐	少量
水	1/2 杯

肉味噌蘸酱

猪绞肉	100 g
姜（切碎）	1/2 小匙
酒、味醂、味增、高汤 各 3 大匙	

使用道具：
♥ 酷彩铸铁圆锅
♣酷彩迷你椭圆烤盅

作法

❶山药清洗干净，连皮切成约 1cm 厚的片状；茄子切成约 1cm 厚的片状，浸泡盐水（由原先的材料之外的 1 大匙盐 +4 杯水制成），静置 2~3 分钟；辣椒用刀子切出纹路；舞茸则撕成一口的大小。

❷在锅中加入作法❶的食材，然后撒盐，加入 1/2 杯的水，再盖上盖子。

❸以中火烹煮，等锅子热了之后，转成小火蒸煮 6~7 分钟，直到能用竹签刺穿山药的程度为止。

❹制作肉味噌蘸酱。在小锅子中加入猪绞肉与其他材料，用叉子将绞肉以拌开的方式搅拌。接着以中火拌炒，直到绞肉变色为止。翻炒至所有食材都膨胀起来之后，就能盛在容器中与蔬菜一同享用。

▲肉味噌蘸酱

酒蒸鲜菇

浓缩了各式鲜菇的美味，非常健康。
可拌入意大利面、欧姆蛋或沙拉中，与鱼肉类料理搭配也很美味。
酒蒸鲜菇可冷藏保存 3~4 天，是相当方便的常备菜。

材料（4 人份）

真姬菇	1 包
杏鲍菇	1 包
香菇	1 包
培根	4~5 片
蒜头	1/2 颗
橄榄油	1 大匙
奶油	10 g
白酒	1/4 杯
盐	1/3 小匙
胡椒	适量

使用道具：
♥ 酷彩酱汁锅

作法

❶真姬菇撕成片状；杏鲍菇则纵切成约 4~5 根的条状（如果太长再横切成 2~3 等份）；把香菇的伞部与梗分开，将伞部切成约 1cm 的片状，而梗则切成碎末。

❷培根切成约 1cm 宽的条状，蒜头则切成碎末。

❸在锅中加入橄榄油、奶油、蒜头，以中火热锅，等奶油融化之后，再加入培根拌炒 1~2 分钟。炒香后再加入作法❶的食材拌炒。

❹等所有食材与油拌匀之后，加入白酒，盖上锅盖以小火蒸煮 4~5 分钟，最后以盐和胡椒调味即可。

先炒培根，再放入菇类拌炒，等全部食材融合在一起炒热后，再加入白酒蒸煮。

猪肉辣煮莲藕

若想品尝莲藕的美味，先快炒再炖煮是最佳料理方式。

不但能提升口感，食材的美味也会完全被提出来。

再加上些许辣椒提味，食材就会更好入味。

材料（4 人份）

莲藕·················· 2 节（约 400 g）

香菇····························· 6 个

猪肉片························· 150 g

芝麻油························· 1 大匙

辣椒····························· 1 根

炖煮酱汁

┌ 红糖 ····················· 1 大匙

│ 酒、味醂、酱油········· 各 2 大匙

└ 高汤····················· 1 杯

使用道具：
♥ 酷彩铸铁圆锅

将食材均匀地裹上油之后，再依序加入调味料。

作法

❶莲藕乱刀切成一口的大小；香菇对半切；肉片切成 3 等份。

❷在锅中放入芝麻油、辣椒，以中火翻炒莲藕。等食材与油拌匀之后，将肉片均匀放入锅中，最后再加入香菇，将全部食材拌炒均匀。

❸等肉片变色后，依序加入红糖、酒、味醂、酱油、高汤，拌炒一下再盖上锅盖，接着以小火炖煮 20~25 分钟。

❹不时打开锅盖搅拌一下，等快煮好时再打开锅盖，转为中火收汁即可。

> ● 枝元老师的美味笔记
>
> 先把食材快炒一下，再加入调味料及高汤炖煮的料理方式就称为"炒煮"。只要将莲藕用炒煮的方式烹调，就能料理出浓郁的美味。
>
> 建议使用质量优良的太白芝麻油，糖则使用淡茶色的红糖。太白芝麻油是将未经烘烤的芝麻直接生榨所得出来的油品，呈现透明无色的状态，香气与风味也较为温和，用途相当广泛。红糖则是由还未精制过的糖液直接熬煮出来的糖品，不仅保有自然风味，更富含矿物质，用红糖制作出来的料理，会散发一股甘醇浓郁的甜味。

马铃薯炖肉

先将马铃薯好好拌炒，就是料理的美味秘诀！
这样不但容易入味，炖煮时也比较不容易散掉。
只要慢慢炖煮，就能制成味道浓郁的暖心料理。

材料（4~5 人份）

马铃薯	6 颗
胡萝卜	1 根（大）
洋葱	1 颗
牛肉薄片	250g
鲣鱼片	1 大把（7~8 g）
┌ 砂糖	2 大匙
└ 酒、味醂、酱油	各 1/4 杯
色拉油	2 大匙

使用道具：
♥ 酷彩铸铁圆锅

作法

❶ 马铃薯切成 3~4 等份；胡萝卜乱刀切成块状；洋葱切成瓣状。

❷ 将 2 杯水放入锅子里，接着加入鲣鱼片备用。

❸ 在锅中加入色拉油，以中火加热 1 分钟后，加入作法❶的马铃薯炒至表面呈咖啡色为止。再加入胡萝卜、洋葱拌炒均匀。

❹ 等全部食材都裹上油后，依序加入砂糖、酒、味醂、酱油，拌炒均匀。

❺ 等食材融合在一起之后，加入作法❷的高汤整体拌匀。水煮滚之后，再加入牛肉片，等肉片变色后捞掉浮渣。

❻ 以中火烹煮 10 分钟，稍微翻动，将食材上下对换，接着再烹煮 5~6 分钟。最后打开锅盖，以稍大的中火收汁即可。

姜汁炒培根 & 小松菜

把从培根逼出来的油脂炒至焦香,再和小松菜一起翻炒,
放入锅中蒸煮一下,就是一道美味的配菜!
沉重的锅盖将蒸气牢牢锁住,引出小松菜的甜味。

材料(4人份)

小松菜·············· 1把(250~300 g)
培根···································· 80 g
姜(切丝)························ 1/2 块
橄榄油····························· 1/2 大匙
盐································ 1/3 小匙
黑胡椒粒···························· 少许

使用道具:
♥ 酷彩铸铁圆锅

作法

❶小松菜切成 4~5cm 的段状;培根切成 3~4 等份。

❷在锅中加入橄榄油,以中火加热 1 分钟后,再加入作法❶的培根翻炒。

❸等培根的油脂被完全逼出来后,加入姜与盐,再加入作法❶的小松菜炒匀。

❹等食材融合在一起后,浇上 2 大匙水,盖上锅盖蒸煮 2~3 分钟。打开锅盖,转为较强的中火,大致翻炒后再撒上黑胡椒粒即可。

鲑鱼萝卜风味煮

萝卜配鲑鱼，这是非常经典的和风组合。
如果想完整品尝用食材所烹煮出来的高汤，
可加入些许昆布慢慢炖煮，最后再以奶油提味即可。

材料（4 人份）

白萝卜…… 1/2~2/3 根（约 600 g）
鲑鱼（盐渍鲑鱼片）………… 2 片
酒……………………………… 2 大匙
胡椒…………………………… 少许
色拉油………………………… 1 大匙
水……………………………… 4 杯
昆布（约 8 cm 长）………… 1 片
鸡粉………………………… 1/2 小匙
盐………………… 1/3~1/2 小匙
奶油………………………… 15 g
盐、胡椒……………………… 少许

使用道具：
♥ 酷彩椭圆铁锅

作法

❶白萝卜纵切成 2~4 等份后，再乱刀切成块状；鲑鱼去骨后斜切成片状，接着淋上酒，再撒上胡椒轻轻按摩一下；昆布则用剪刀剪成约 2cm 的片状。

❷在锅中倒入色拉油，以中火将作法❶的萝卜炒至表面呈透明状为止，接着加入 4 杯水与昆布一起炖煮，等沸腾后再加入鸡粉和盐，烹煮 10 分钟。

❸在作法❷的食材中，加入作法❶的鲑鱼和奶油，以小火慢慢烹煮 10~20 分钟。等萝卜变软后，稍微尝一下味道，再以盐和胡椒调味即可。

在锅中充分地蒸煮过后，米饭就会呈现"站起来"的状态。每一粒米都饱满且充满光泽，只要尝一口，就能感受到米饭的甘甜香气，以及湿润有弹性的口感。用饭勺轻轻地拌一拌，马上趁热享用吧！

简单煮就很美味！ 白饭

近年来，国外认为比起面包，白饭更为健康，因而开始渐渐流行起来。相反地，爱吃白饭的东方人却越来越少，甚至有很多人觉得煮饭很麻烦。

使用铸铁锅就能轻松煮出好吃的白饭！只要把米洗好后沥干水分，再加水炊煮 20~30 分钟即可。说得好像很麻烦，但是其实也就只有这些步骤而已。接下来只要交给铸铁锅，就能轻松煮出美味无比的白饭！

* 使用酷彩的铸铁圆锅来煮白饭，直径 20cm 的锅子可以煮 2~3 杯米，而直径 22cm 的锅子则可以煮 3~4 杯米。

* 用酷彩的锅子来煮饭时，米与水的比例是"米：水 = 1：1.1"。沉重的锅盖能完整地留住水分，在炊煮的过程中，因为锅中充满热气，才能将米饭的美味程度提升至最大值。

材料（4~5 人份）

米·····················2 杯（400 ml）
水····························· 440 ml

使用道具：
♥ 酷彩铸铁圆锅

作法

❶将米浸泡水中，用手快速淘洗 2 次后冲掉米糠，再以双手相互摩擦的方式淘洗。换 3~4 次水后再继续淘洗，直到混浊的水变清澈为止，最后再沥干水分。

❷将米放进锅中，加入 440 ml 的水，盖上锅盖静置 10~30 分钟。

❸以较大的中火烹煮，等冒出蒸气且沸腾后，再转成小火，烹煮 10 分钟。

❹熄火后继续焖煮 8~10 分钟即可。

加水之后一定要静置 10~30 分钟，水分才能渗入米心。

当蒸气从锅盖中冒出且沸腾后，就要转成小火。火力的大小，以煮至沸腾需要 5~6 分钟的状态最为适合。

熄火后，请不要打开锅盖，再用余温将饭焖一下即可。透过慢慢焖蒸的过程，米心也会膨胀变软。

地瓜杂粮饭

把刚煮好的米饭稍微翻拌，甘甜的香气就会与热气一起缓缓上升。
色彩鲜艳的地瓜，口感松软湿润又甘甜。
与五谷杂粮一起炊煮，让料理变得更健康！

材料（4~5 人份）

米·····················2 杯（400 ml）
水························· 440 ml
地瓜················ 1 根（约 200 g）
杂粮饭（水量按照包装指示）2 大匙
黑芝麻（先炒过）··········· 1 大匙
盐····················· 1/2 小匙

使用道具：
♥ 酷彩铸铁圆锅

● 枝元老师的美味笔记

　　加在米饭里的杂粮，可以依个人喜好使用"五谷"或"十谷"，只要使用市售已经混合好的商品即可，水量请依照包装指示。烹煮前不需要淘洗，直接加进去就可以了，非常方便！

作法

❶地瓜连皮切成约 1cm 厚的片状，如果还是太大再切成对半。切好后浸泡水中 10 分钟去除涩味，再沥干水分。

❷将米浸泡水中，用手快速淘洗 2 次后冲掉米糠，再以双手相互摩擦的方式淘洗。换 3~4 次水后再继续淘洗，直到混浊的水变清澈为止，最后再沥干水分。

❸将米与杂粮放入锅中，混合搅拌一下，加入 440 ml 的水，静置 10~30 分钟。

❹在作法❸的食材上铺上地瓜，以较大的中火烹煮，等冒出蒸气且沸腾后，再转成小火烹煮 10 分钟。

❺熄火后继续焖煮 8~10 分钟，以盐和胡椒调味，再整体翻拌一下即可。

饭好不好吃，就看你怎么煮！

　　虽然用电饭锅煮饭只要按照刻度加水，再按下一个键，就能轻松把饭煮好，保温功能让人可以随时吃到热腾腾的饭；但我还是建议各位，在炉火上直接炊煮才是最好的方式，因为好吃的饭都是"煮"出来的！

　　白米淘洗后加上适量的水，放在炉火上炊煮。煮饭的流程虽然单纯，但却潜藏着老祖先流传下来的饮食生活智慧。随着白米的状态、水量及火力的不同，煮出来的饭也会稍有差异，虽然一开始可能抓不到感觉，但是请不要放弃，只要多煮几次就能慢慢抓住要领。与其讲究米种，不如用心倾听白米想传达的讯息，尽情享受米饭真正的滋味！

蒸煮料理，芳香入味最下饭

说到排骨，先腌过后再用烤箱烘烤是最常见的料理方式。在这里我要做的是将排骨泡在酱汁里，连同容器一起放进锅子蒸煮的"钵蒸"。

酷彩的锅具非常适合制作蒸煮料理，它沉重密实的锅盖，能将热气完整地锁在锅中，将排骨的原始美味引导出来，演绎出柔软温醇的风味。而浓缩了肉香的酱汁还可以用来煮饭，是最完美的调味料，一道菜轻松变出两种吃法！

饮茶风钵蒸排骨

这道料理必须先腌进调味料与辛香料，再使用钵蒸的方式烹调。
不使用蒸锅，而是直接放进铸铁锅中做"地狱蒸"，
料理方式既简单又豪迈。

材料（4 人份）
排骨（带骨的猪肚肉） 800 g（小）

腌料
```
┌ 蚝油……………………… 4 大匙
  绍兴酒（或米酒）……… 2 大匙
  酱油……………………… 1 大匙
  砂糖 ……………………… 1/2 大匙
  姜（薄片）……………… 3 片
  八角……………………… 2 颗
└ 五香粉…………………… 1/3 小匙
香菜……………………………… 适量
```

使用道具：
♥ 酷彩铸铁圆锅

作法
❶排骨放进保鲜袋中，加入腌渍材料，按摩使其入味后，静置至少 20 分钟。

❷准备一个比铸铁锅小一点的钵，将作法❶的食材连同酱汁一起放入。

❸在铸铁锅中倒入 2 杯热水，接着放入作法❷的钵后盖上盖子。以较强的中火烹煮，等锅中冒出热气后，再以小火蒸煮 20 分钟。

❹熄火，将排骨位置上下对调。如果锅中热水变少，就再加水，继续蒸煮 20 分钟。完成后加上香菜点缀即可。

在锅中加水，连同容器一起蒸煮的方式叫做"地狱蒸"，使用这种方式制作料理，就能借助锅子的力量，将肉的美味成分完整地引导出来。

排骨蒸饭

在享用前页的"饮茶风钵蒸排骨"之前，
先把几根排骨与酱汁一起放在其他容器中保存，
隔天再与糯米一起炊煮，就会变成另一道美味的杂炊饭了！

材料（4~6 人份）

钵蒸排骨酱汁＋水 …………… 2 杯
糯米………………………………… 2 杯
白米……………………………… 1/2 杯
钵蒸排骨肉………………………… 适量
香菜……………………………… 适量

使用道具：
♥ 酷彩铸铁圆锅

作法

❶去除酱汁中多余的油脂后，加入 2 杯水。

❷将糯米与白米混合，用水淘洗 2~3 次后沥干水分。

❸将作法❷的糯米与白米放入锅中，接着加入作法❶的酱汁，静置 10~30 分钟。

❹将排骨放入作法❸的食材中，以较大的中火加热。等冒出蒸气且沸腾后，再以小火炊煮 10 分钟。

❺熄火后继续焖蒸 8~10 分钟，打开盖子将整体稍加拌匀。试一下味道，如果太淡就加盐调味，最后再依个人喜好加香菜点缀即可。

糯米与米的比例为 4:1，便能做出有弹性口感的美味炖饭。蒸煮的汤汁需视情况加水，这就是炖饭美味的关键。

玉米

　　玉米虽然也有罐头或冷冻包装，一年四季随时都能取得，但是夏天刚出产的玉米不但甘甜，口感也特别不一样！在选购时，记得选择外皮呈现水嫩的绿色、玉米须为深咖啡色、果实饱满且没有缝隙的玉米。

黄金玉米饭

材料（4~5 人份）

米·······················2 杯（400 ml）
水·····························440 ml
玉米····························1 根
昆布（约 7cm 长）···············1 片
盐·····························1/2 小匙

使用道具：
♥ 酷彩铸铁圆锅

作法

❶将米浸泡水中，用手快速淘洗 2 次后冲掉米糠，再以双手相互摩擦的方式淘洗。换 3~4 次水后再继续淘洗，直到混浊的水变清澈为止，最后再沥干水分。

❷将米放进锅中，加入 440 ml 的水及昆布，静置 10~30 分钟。

❸用菜刀将玉米粒刨削下来，加入白米中。盖上锅盖，以较大的中火加热。等锅中冒出蒸气且沸腾后，再以小火炊煮 10 分钟。

❹熄火后继续焖蒸 8~10 分钟。打开锅盖后加盐调味，再将全体翻拌匀即可。

刨削玉米粒时，请将刀刃抵住玉米的根部，再往自己的方向慢慢削落。如果觉得困难，也可将玉米放在砧板上，再削下玉米粒。

日式茶碗蒸

不管是家常料理还是宴客酒席，只要一端出茶碗蒸，
就会让人有种日式奢华感受！
这道菜使用的料理方式是既方便又简单的"地狱蒸"。

材料（4人份）

材料	分量
鸡蛋	3颗
盐	1/2小匙
淡口酱油	1小匙
高汤	250 ml
鸡胸肉	2小条
虾	4尾
银杏果	12颗
鸭儿芹	少许

使用道具：
♥ 酷彩铸铁圆锅

● 枝元老师的美味笔记

把蒸蛋称作"茶碗蒸"，是不是就让人觉得"有些特别"呢？这里不用专用的蒸锅来料理，使用的是"地狱蒸"。酷彩的铸铁锅不但锅体厚实，热传导率更是绝佳。不妨准备较大尺寸的铸铁锅，如果无法一次全放进去，分成两次蒸煮也可以。

作法

❶ 制作蛋液。在碗中把蛋敲开，加入盐、酱油、高汤，混合搅拌均匀。

❷ 鸡肉去筋后切成一口大小，加入各1小匙的酱油与酒（原先的材料之外的）搅拌一下；虾留尾去壳，去掉虾线后放置备用。

❸ 在容器中放入鸡肉与银杏果，接着将作法❶的蛋液一边过滤一边倒入容器中，最后再摆上虾。

❹ 在铸铁锅中倒入约3cm深的热水，将作法❸的容器排放进去。在锅子一侧架上筷子，让蒸气散出。接着放上包裹纱布的锅盖，以较大的中火蒸煮90秒钟，再转成小火继续蒸煮10~15分钟。

❺ 以竹签戳刺，没有液体涌上即可。最后再洒上鸭儿芹点缀。

接下来只要放心地交给铸铁锅即可，茶碗蒸绝对零失败！蒸好后再点缀上一些鸭儿芹就能上桌了。

为了避免蒸气的水滴滴落，请将锅盖用纱布包裹起来，在锅盖头处用橡皮筋捆绑固定，这样在蒸煮时蒸气才得以散出。

蛋液以滤网过滤后倒入容器中，蒸煮出来的茶碗蒸口感细腻，风味绝佳。

麻油风昆布蒸鳕鱼

将软嫩的白肉鳕鱼用美味的昆布包裹起来蒸煮即可。
鳕鱼的味道较淡，蒸好后淋上香气十足的葱酱汁，
是这道料理的美味秘诀。

材料（4 人份）

鳕鱼（鳕鱼片）················· 4 片
- 盐 ······························ 1/2 小匙
- 酒 ······························ 1 大匙

昆布（5cm x 12cm 片状）····· 4 片
金针菇····························· 1 包
水································· 2/3 杯

葱淋酱

- 葱 ······························ 1/3 根
- 盐 ······························ 1/3 小匙
- 酱油······························ 少许
- 芝麻油······················· 2~3 大匙

使用道具：
♥ 酷彩浅底铁锅

作法

❶鳕鱼加入盐和酒，轻轻地按摩使其渗入；金针菇切去根部，分成 4 等份放置备用。

❷用湿纱布擦拭昆布，接着将昆布铺在锅底，先放金针菇，再放入鳕鱼。从锅缘倒入 2/3 杯的水，盖上锅盖，以较强的中火蒸煮 90 秒钟，再以小火蒸煮 7~8 分钟。

❸制作葱淋酱。将葱切成碎末，加盐、胡椒和芝麻油拌匀。

❹作法❷的食材蒸熟后，再淋上作法❸的葱淋酱即可。

用来蒸煮的昆布，建议选用风味独特的罗臼昆布、利尻昆布或真昆布。

香草酒蒸鲈鱼

蒸好后的鲈鱼饱含蔬菜的甘甜，散发阵阵白酒的香气。
用酷彩椭圆铁锅来料理，
就能轻松拥有魄力十足的视觉效果。

材料（4 人份）

* 鲈鱼 ………	2 尾（1 尾约 200 g）
┌ 盐 …………………………	2/3 小匙
└ 黑胡椒粒…………………	少许
洋葱……………………………	1/3 颗
大蒜……………………………	1 瓣
蕃茄……………………………	1 颗
芹菜……………………………	1/2 根
百里香…………………………	3~4 根
月桂叶…………………………	2 片
欧芹……………………………	少许
白酒……………………………	1/2 杯
橄榄油…………………………	2 大匙

使用道具：
♥ 酷彩椭圆铁锅

* 也可使用石斑、鲔鱼或黄鱼

作法

❶鲈鱼去鳞、腮、内脏后用水洗净，以厨房纸巾吸干水分后，再撒上盐和胡椒。

❷洋葱、蒜切成薄片；蕃茄则乱刀切成 1~2cm 的丁状；芹菜斜切成薄片。

❸在作法❶的鱼肚里，分别塞入适量洋葱、蒜头、芹菜、百里香、月桂叶以及欧芹。

❹在锅中加入白酒，以较大的中火加热至沸腾为止。熄火后把鱼排放上去，再把剩下的洋葱、蒜头、蕃茄以及芹菜均匀铺上，盖上锅盖。

❺以较大的中火蒸煮 90 秒钟，再以小火继续蒸煮 10~12 分钟。完成后淋上橄榄油即可。

先将鱼肚内的水分擦干，
再填入蔬菜和香草。

● 枝元老师的美味笔记

　　我选用鲈鱼制作这道白酒蒸鱼，换成石斑、鲔鱼或黄鱼都可以。而去鳞等前置操作，可以请鱼贩事先处理，一点都不麻烦。

蛤蜊巧达汤

我使用有独特黏稠感又松软的芋头来代替马铃薯,
让芋头与蛤蜊的鲜甜融合在一起,
完成这道浓郁又滑顺的美味汤品!

材料（4人份）

芋头	5 颗（400~500 g）
洋葱	1/2 颗
蛤蜊（带壳）	250 g
培根	2 片
色拉油	1 大匙
奶油	20 g
低筋面粉	2 大匙
鸡粉	1 小匙
热水	1.5 杯
牛奶	2 杯
盐	1/2 小匙
胡椒	少许

使用道具:
♥ 酷彩酱汁锅

作法

❶芋头切成约 1.5cm 的块状；洋葱切成碎末；蛤蜊用力搓洗后放置备用；培根切成约 1cm 宽的薄片放置备用。

❷锅中倒入色拉油加热,接着加入洋葱,炒至表面呈现透明为止。加入芋头与培根,以中火拌炒 2~3 分钟。

❸芋头充分吸收油脂后加入奶油,奶油溶化后再加入低筋面粉,拌炒至与所有材料融合在一起为止。

❹在作法❸的食材中加入鸡粉与热水,搅拌均匀。水滚后捞出浮渣,加入作法❶的蛤蜊,盖上锅盖,以小火继续烹煮 10 分钟。

❺加入牛奶混合均匀,再稍微加热。最后以胡椒调味即可。

贝类很容易熟透,煮久了口感会变硬,所以请以小火烹煮。等蛤蜊打开后加入牛奶,稍微加热就完成了!

蚕豆

蚕豆盛产就代表夏天已经来到! 初夏的蚕豆不但表面呈现水绿色, 而且形状矮胖可爱。因为朝向天空结成果实, 所以蚕豆在日文里又被称作"空豆"或"天豆"。它的产季很短, 这种季节限定的美味, 是不是让人很想尝尝看呢?

就像人常说的: "美味的保存期限只有三天。"食材的新鲜度是料理的决胜关键, 最好购买带壳的蚕豆, 并尽早料理食用。此外, 要选择外壳颜色漂亮、有光泽的蚕豆, 如果是已脱壳的, 则选择深绿色且果实不松散的蚕豆。

以小火稍微煎一下, 蚕豆的外壳就会轻松上色。等外壳裂开后再试吃, 确认是否熟透。

干炒蚕豆

材料 (2 人份)

蚕豆……………………………… 20 颗
盐……………………………… 1/4~1/3 小匙

使用道具:
♥ 酷彩酱汁锅

作法

❶ 在蚕豆有黑筋的一侧, 以刀子纵切出深约 1cm 的切纹。

❷ 以较弱的中火热锅 1~2 分钟, 接着加入蚕豆, 不时翻炒搅拌, 加热 5~6 分钟。

❸ 等蚕豆的外壳裂开、豆身膨胀后, 再撒盐调味, 搅拌一下即可上桌。

炖出这一刻的幸福
宴客最适合！铸铁锅炒煮料理

将肉类、蔬菜豪迈地放进锅中慢慢炖煮时，

内心是不是也升起一股悠闲的幸福感呢？

铸铁锅能将热气牢牢地锁在锅内，

慢慢炖出食材最原汁原味的甘醇美味。

请尽情享受等待美食上桌的优闲时光吧！

鸡肉汤咖喱

慢慢炖煮的同时，食材的鲜甜原味会完全被释放出来，
再加上辛辣的调味，让整道料理变得更有深度。
一口咬下，鲜嫩的鸡肉便会在嘴中瞬间化开。

材料（4人份）

鸡翅 ····························· 8 只

Ⓐ
- 盐 ····························· 1 小匙
- 蒜头、姜（分别磨成泥状）
  ····························· 各 1 小匙
- 咖喱粉 ························ 2 小匙
- 原味酸奶 ······················ 1/4 杯
- 蕃茄酱 ························ 1 大匙

白萝卜 ·························· 1 根
胡萝卜 ·························· 2 根
马铃薯 ·························· 2 个
节瓜 ···························· 1 根
洋葱 ···························· 1/2 颗
咖喱粉 ·························· 2 小匙
色拉油 ·························· 2 大匙
孜然 ···························· 1 小匙
盐、酱油 ······················ 各适量
＊葛拉姆马萨拉、柠檬汁 ······ 少许

使用道具：
♥ 酷彩圆锅

＊葛拉姆马萨拉：即俗称的印度香料粉

作法

❶鸡翅放进保鲜袋中，加入调味料Ⓐ，捏揉入味后静置备用。

❷白萝卜纵向切成 4 等份；胡萝卜先对半切开，较粗的部分再对切；马铃薯对切；将节瓜切成 3 等份后，每一块再对切；洋葱切成碎末。

❸在锅中倒入色拉油、孜然加热，冒出气泡后，以较强的中火拌炒洋葱，直到呈现透明状为止。撒上咖喱粉拌匀，接着依序加入白萝卜、胡萝卜、马铃薯炒匀。

❹所有材料融合在一起后，加入作法❶的鸡翅与酱汁，拌炒均匀。

❺在作法❹的食材中加入 5 杯水，以较强的中火加热，煮滚后捞去浮渣，再盖上锅盖，以中火烹煮20 分钟。

❻加入节瓜，继续烹煮 10~20 分钟。完成后加入盐和酱油调味即可，也可依照个人喜好用葛拉姆马萨拉、柠檬汁等调味。

加入各种材料拌炒均匀，
等材料融合后再加水继续
烹煮。

红酱菜豆通心粉

以蕃茄为基底的红酱，再加上绿色的菜豆、白色的通心粉、
咖啡色的意式香肠，无论色彩或分量都是满分。
通心粉螺旋间的缝隙能牢牢地吸附酱汁，非常好吃！

材料（4 人份）

菜豆	200 g
洋葱	1/3 颗
胡萝卜	1/2 根
辣椒	1 根
意式香肠	4 根
通心粉	80 g
水煮蕃茄罐头	1 罐
橄榄油	2 大匙
盐	1/2 小匙
月桂叶	1 片
盐、黑胡椒粒	少许
披萨草、意大利综合香草粉	少许

使用道具：
♥ 酷彩爱心铸铁锅

作法

❶去除菜豆的粗筋；洋葱切成薄片；胡萝卜切成粗丁；辣椒对切去籽；意式香肠斜切成两半。

❷在锅中倒入色拉油，以中火加热 1 分钟。接着依序加入作法❶的胡萝卜、辣椒、洋葱拌炒。

❸洋葱炒软后，加入菜豆拌炒，再加入 2 杯水煮罐头的酱汁，最后加入 1/2 小匙的盐和月桂叶搅拌一下。

❹等作法❸的食材煮滚后，加入通心粉及作法❶的意式香肠，稍微拌炒。盖上锅子，按照包装的指示将通心粉煮熟。完成后再以盐和黑胡椒粒调味即可，也可以依个人喜好用披萨草或意大利综合香草粉调味。

不需事先将通心粉煮熟，
直接加入锅里烹煮即可，
非常方便。

● 枝元老师的美味笔记

　　用红色的爱心铸铁锅烹调料理，在炖煮过程中心情也会不知不觉地变好。将比较不容易煮熟的材料先放入锅中，再依序加入其他材料，慢慢炖煮即可。此外，如果能按照包装指示，将通心粉直接加入烹煮，它就能充分地吸收酱汁，让料理变得更有味道！

白酒李子炖鸡

在煮至入味的鸡肉里，可以吃到胡萝卜与李子的甘甜滋味，
真是温暖人心的好味道！
这道色彩鲜艳的料理，非常适合搭配红酒食用。
开始炖煮鸡肉之前，先将鸡肉两面煎至焦香就是美味的秘诀。

材料（4 人份）

鸡腿肉 ·························	2 片
⌈ 盐 ···················	2/3 小匙
⌊ 胡椒 ·················	少许
胡萝卜 ···················	3 条
李子干 ···················	8 颗
白酒 ·····················	1/4 杯
Ⓐ ⌈ 鸡粉 ···········	1 小匙
⌊ 热水 ···········	1.5 杯
橄榄油 ·················	1/2 大匙
奶油 ·····················	10g
百里香 ·················	3~4 根

使用道具：
♥ 酷彩浅底铁锅

作法

❶ 鸡肉先切掉多余的脂肪，再切成一口大小。撒上盐、胡椒，轻轻地按摩后静置使其入味。

❷ 胡萝卜切成 1~1.5 cm 的圆块状；鸡粉以热水溶解制成高汤备用。

❸ 在锅中加入橄榄油，以中火加热 1 分钟后加入奶油。奶油溶解后，将作法❶的鸡肉放入锅中（带皮的那面朝下），以较强的中火煎至变色后翻面，将另一面也煎至变色。

❹ 加入作法❷的胡萝卜拌炒均匀，接着淋上白酒，烹煮 1~2 分钟使酒精蒸发。

❺ 加入高汤搅拌一下，接着加入百里香与李子干。煮滚后盖上锅盖，以较弱的中火炖煮 20 分钟即可。

将鸡肉有皮的那一面先下锅，
等颜色变成咖啡色后翻面，
将另一面也煎至变色为止。
只要将鸡肉的表面煎一下，
就能把美味成分牢牢地锁住，
让味道变得更浓郁！

●枝元老师的美味笔记

　　因为要将鸡肉两面先煎熟再继续炖煮，我认为使用浅底铁锅较为方便。此外，也可以先用平底锅煎好后，再移至酷彩的圆锅里炖煮。

在窗边的餐桌上用几朵小花或绿色植物装饰一下，就能演绎出生气蓬勃的温暖空间。

将橘色铸铁锅直接摆上餐桌，整张桌子就被温暖的气息层层包围，瞬间明亮了起来，这就是酷彩铸铁锅独有的神奇魅力！

准备一瓶红酒，将烤得酥香的法式长棍面包，与鲜奶油搭配食用。要吃的时候，再分装到各自的盘子里，就是一顿小酒馆风浪漫晚餐！鸡肉煎得又嫩又醇厚，配上煮至入味、光泽动人的李子与胡萝卜，简直就是绝配。

准备一道扎实的主菜，轻松打造出奢华的浪漫晚餐。铺上桌巾，准备餐盘与刀叉，简单大方的餐桌摆设便完成了。

浪漫晚餐就从我家开始！
有酷彩当大厨，

▲沐浴在阳光下生气盎然的香草们，不但能作为香料加入料理中使用，新鲜摘下的香草叶更能冲泡出一杯清新的香草茶。

想到就摘！点缀菜色好帮手

阳台 & 厨房窗边的香草花园

去越南或缅甸等东南亚国家旅行时，餐厅常会端出一整盘堆得像山一样高的新鲜香草，每回看到这幅景象，我总是感动无比。无论是生春卷、炖煮料理还是汤面，各式料理都会大方地放入一大把香草，混着食物一起吃下肚，实在是太美味了！这种清凉的感受，彷佛能渗透进身体里的每个角落。

只要在日常的配菜中加入香草一起食用，气氛马上就会变得与众不同，就像在吃大餐一样。所以我经常一边做料理，一边想："对了，这道菜可以加一些这种香草。"或是"如果在这道汤里，放一些绿色香草点缀一定会很漂亮！"然后我就会走到阳台或厨房窗边，摘下新鲜的香草使用。

香草原本就属于野生植物。虽然在酷热的太阳直射下，有些香草容易枯萎；但大部分的香草都不需要太多照顾，就能生长得生气勃勃。建议各位可以先选择从经常需要用到的薄荷、迷迭香、百里香，或欧芹来种植看看。只要种在小盆子里或是拿个透明玻璃容器插在水里，马上就能获得一份充满"香气与绿意"的小礼物哦！

迷迭香炒马铃薯猪肉

打开锅盖，一股迷迭香的甘甜香气缓缓飘出。
被猪肉浓郁肉汁包覆的松软马铃薯，就是最美妙的滋味！
这道料理的味道相当朴实，稍微炒过后再蒸煮就完成了。
锅子里各种不同材料的味道，也会慢慢地合而为一。

材料（4人份）

马铃薯·······························500 g
猪腹肉（炸猪排专用） 3 片（约300 g）
Ⓐ
   盐 ·····························1/2 小匙
   胡椒 ···························· 少许
   白酒、橄榄油 ······· 各 1 小匙
蒜头·································· 1 颗
迷迭香······························ 3~4 根
橄榄油······························ 2 大匙
盐 ································1/3~1/2 小匙
黑胡椒粒··························· 少许

使用道具：
♥ 酷彩浅底铁锅

作法

❶马铃薯洗净后沥干水分，连皮对半切开；将猪肉切成 1.5 cm 宽，撒上材料Ⓐ轻轻按摩入味；蒜头对半纵切，去芯、压碎后放置备用。

❷在锅中加入橄榄油与蒜头，以中火加热。香味散发出来后，再加入迷迭香与猪肉稍微煎煮。

❸油脂被逼出来后加入马铃薯，再撒盐充分拌炒。等油脂充分融入所有材料后，再加入 1/2 杯的热水。

❹将作法❸的食材稍微搅拌一下，盖上锅盖，以中火蒸煮 10 分钟。等马铃薯熟透后，打开锅盖，以大火收干水分并稍微拌炒，最后再撒上黑胡椒粒即可。

▲将蒜头与迷迭香炒出香气，等猪肉的油脂被逼出来后，再加入马铃薯。

▲与猪肉和马铃薯都很搭的迷迭香，叶子像松叶一样很有光泽，拥有一种特殊的甜味及淡淡的苦味。

● 枝元老师的美味笔记

这道菜是把搭配性极佳的几种材料煮成一锅料理。当马铃薯的季节到来的时，请各位务必尝试看看！可以使用小颗的马铃薯，也可以使用平常料理用的马铃薯。

烤白菜寿喜烧

这是道很特别的寿喜烧料理，须先将白菜稍微烘烤再开始烹煮。
烤透的白菜更容易在嘴里化开，口感也会更柔软。
围炉烹煮寿喜烧，煮好后再蘸点蛋液，就可以大快朵颐一番了！

一边烤白菜，一边以木匙用力按压，让牛油的味道渗入食材中。

牛肉摊开来放入锅中，接着加入其他材料，再以砂糖调味。砂糖会因为热度融化，呈现焦糖状。

淋上事先准备好的寿喜烧酱汁，接着用酱油调味，再加酒及味醂增添风味。

材料（4人份）

白菜	1/3 颗
牛肉片	300 g
牛蒡	1/2 根
豆腐（木棉豆腐）	1/2 块
水菜	1 把
香菇	4 颗
砂糖	3 大匙

寿喜烧酱汁

⌈ 酒	1/4 杯
│ 味醂	1/4 杯
⌊ 酱油	1/4 杯
高汤	2 杯
牛油（或色拉油）	适量
鸡蛋	4 颗

使用道具：
♥ 酷彩浅底铁锅

> **● 枝元老师的美味笔记**
>
> 先将白菜烤过之后，再加入牛肉等材料制作"寿喜烧"。白菜先纵切成片状，接着连同芯的部分一起烘烤，这样一来不仅形状不易散掉，也很容易烤透。等烤到白菜上色，牛油的美味成分就能充分地渗入食材，让料理香气四溢。

作法

❶ 白菜连同芯的部分一起纵切成 3 等份；牛蒡以棕刷刷洗外皮，再斜切成较长的薄片；豆腐切成 4 块；将水菜切成段。

❷ 制作寿喜烧酱汁。在小锅里加入酒、味醂加热，沸腾后以小火继续烹煮 1 分钟，使酒精蒸发。加入酱油搅拌均匀后再熄火。

❸ 将铸铁锅放在卡式炉上，以中火加热 1~2 分钟后加入牛油，热锅后将作法❶的白菜切口朝下烧烤。以木匙用力压一压，烤至上色后再翻面烘烤。

❹ 把白菜集中至锅子的其中一侧，在空出来的地方加入少许牛油或色拉油。将牛肉摊开来，铺在锅子上烹煮，接着加入作法❶的牛蒡，再以砂糖调味。

❺ 砂糖溶解后，淋上作法❷的寿喜烧酱汁，再加入香菇。

❻ 用剪刀把白菜剪成容易食用的大小，再加入适量的高汤。

❼ 煮滚后加入作法❶的豆腐、水菜，慢慢炖煮，最后蘸蛋液即可食用。汤汁煮干时，再加入适量高汤。

等酱汁融入所有材料后，再用剪刀将白菜剪成容易食用的大小。

将其他材料集中，空出空间放置豆腐和水菜。烹煮时请不时地翻炒肉片及水菜。

圣女果章鱼炖饭

打开锅盖的瞬间，一股高雅的甜味缓缓升起，
用藏红花水煮出来的章鱼、蔬菜和米饭，
因为铸铁锅而变得更加美味！

材料（4~5 人份）

米	2 杯
洋葱	1/2 颗
水煮章鱼	200g
圣女果	8~10 颗
杏鲍菇	3 根
培根	2 片
蒜头	一颗
Ⓐ 藏红花	1/2 小匙
白酒	2 大匙
热水	2.5 杯
盐	2/3 小匙
橄榄油	4 大匙
欧芹	适量
柠檬汁	适量

使用道具:
♥ 酷彩浅底铁锅

作法

❶洋葱切成碎末；章鱼切成一口大小的片状；圣女果纵向切出切纹；杏鲍菇先对半切开，再撕成容易食用的大小；培根切成约 1.5cm 宽；蒜头对半纵切，去芯、压碎备用。

❷在碗里放入藏红花，接着加入白酒混合搅拌，等颜色出来后，再加入热水和盐搅拌均匀。

❸在锅中倒入 1 大匙的橄榄油加热，接着加入作法❶的杏鲍菇拌炒，炒软后起锅备用。

❹在作法❸的锅中再加入 3 大匙橄榄油，接着加入作法❶的蒜头，以中火加热，炒香后再加入洋葱和培根继续拌炒。

❺等所有材料炒匀后，再加入米粒继续拌炒均匀。让米粒充分吸收油分后，再淋上作法❷的藏红花水大致搅拌一下。

❻水煮滚后转为小火，铺上圣女果、章鱼及杏鲍菇，盖上锅盖，炖煮 12 分钟。

❼最后，以较强的中火炖煮 1 分钟，再撒上欧芹即可。食用前，可以依个人喜好淋上柠檬汁增添风味。

用木匙将米饭充分拌炒，炒透后再加入藏红花水。

煮滚后转为小火，再摆上圣女果、章鱼、杏鲍菇继续烹煮。

以小火烹煮鸡肉，将美味的精华煮出来后，就这样静置一会儿。放凉之后，鸡肉直接当作配菜食用，而汤汁可用来煮饭，一举两得。

海南鸡饭

用鸡肉高汤煮饭，轻松完成美味的"东南亚风味炊饭"！
在炊煮好的鸡肉上，放上香气四溢的香菜与白葱丝，
就能直接当作配菜食用。

材料（4~5 人份）

米	2.5 杯
鸡腿肉	2 片
盐	2/3 小匙
酒	2 大匙

A
- 姜（切成碎末） 1 节分量
- 盐 1/2 小匙
- 柠檬汁、色拉油 各 1 小匙

B
- 酱油 3 大匙
- 黑砂糖 4 大匙

C 泰式甜辣酱（市售） 1/4 杯

黑胡椒粒 1/2 小匙
香菜、辣椒粉 各适量
葱（＊白葱丝） 适量

使用道具：
♥ 酷彩圆锅

＊白葱丝的作法：将一根 4~7cm 长的葱切开，去芯后顺着纤维纵切成细丝，接着浸泡在水中即可。白葱丝可以为料理增添风味！

作法

❶鸡腿肉去除多余脂肪后，用叉子戳刺，接着撒上盐和酒按摩入味。

❷在锅子中放入作法❶的鸡肉，加入 2 杯水后放在炉上加热。沸腾后捞去浮渣，盖上锅盖，以小火烹煮 15 分钟后熄火。

❸将作法❷的鸡肉静置 10 分钟后捞起，切成约 1.5 cm 厚的薄片。剩下的汤汁加水至 550 ml，再加入 1/2 小匙的盐混合均匀。

❹将米洗净后沥干水分，放入锅中，接着加入作法❸的汤汁搅拌一下，铺上鸡肉后盖上锅盖。

❺将作法❹的食材以较强的中火加热，沸腾后以小火继续炊煮 10 分钟。熄火后再焖蒸 8~10 分钟，接着摆上香菜及白葱丝，再撒上黑胡椒粒和辣椒粉即可。

❻制作鸡饭淋酱。淋酱**A**只要将所有材料混合均匀即可；淋酱**B**则须将材料混合均匀后，再用微波炉加热 40 秒，使糖溶解。最后，将所有淋酱分别盛入容器中即可。

A 醋溜姜汁

B 黑糖酱油

C 泰式甜辣酱

玉米蔬菜肉丸子

这道肉丸子不但加了满满的蔬菜，色彩相当丰富，
营养也很均衡，是一道无可挑剔的满分料理，
也是使用铸铁锅才能轻松做出的蒸煮料理。

材料（4人份）

猪肉（边角肉）…………… 300 g

Ⓐ
- 绍兴酒（或米酒）…… 1 大匙
- 酱油 ………………… 1 大匙
- 太白粉 ……………… 1/2 大匙
- 砂糖 ………………… 1 小匙
- 麻油 ………………… 1 小匙
- 姜（切成碎末）…… 1/2 小匙

玉米 …………………………… 1 根
卷心菜叶………………………… 3 片
绿色花椰菜……………………… 1 颗
色拉油、盐 ………………… 各少许
黄芥末、酱油 ………………… 适量

使用道具：
♥ 酷彩圆锅

作法

❶用刀削下玉米粒备用。如果没有新鲜玉米，请准备 1 个玉米罐头代替。

❷卷心菜叶切成大块状；绿色花椰菜切成小朵状，茎部的皮则要削厚一些，切成容易入口的大小。

❸猪肉剁碎后摔打一下，放入碗盆中。加入材料Ⓐ，混合搅拌至有黏性为止。再加入作法❶的玉米拌匀，分成 12 等份后，捏成丸子状。

❹在锅中放入作法❷的卷心菜和绿色花椰菜的茎部，淋上色拉油及盐拌匀，再摆入作法❸的肉丸子。

❺在作法❹的锅中加入 1/2 杯的水，盖上锅盖，以较强的中火蒸煮 2 分钟后，再以小火继续加热 5 分钟。

❻打开锅盖，加入作法❷的朵状绿色花椰菜，再继续蒸煮 3 分钟即可。最后，可以蘸加入黄芥末的酱油享用。

依材料熟透所需的时间，在不同
时间点加入锅中。

将蔬菜铺在锅底，再摆上肉丸子，
加水蒸煮料理。

将肉的表面煎至焦香后，在缝隙间放上蔬菜，再直接放进烤箱里烘烤。

和风汉堡排

浑厚多汁的汉堡肉配上香气浓郁的芝士、酸甜的新鲜蕃茄，
让人一看就忍不住口水直流！把材料备齐后，稍微煎一下，
再与旁边的配菜一起推进烤箱烘烤就可以了。

材料（4 人份）

汉堡肉

┌ 猪绞肉	500 g
洋葱	1/2 颗
奶油	5g
盐	2/3 小匙
胡椒、肉豆蔻	各少许
鸡蛋	1 颗
└ 面包粉	3/4 杯
马铃薯	2 颗
芜菁	2 颗
蕃茄	1 颗
芝士片	4 片
橄榄油	1 大匙
黑胡椒粒、披萨草	适量

使用道具：
♥ 酷彩浅底铁锅

● 枝元老师的美味笔记

只要用酷彩的浅底铁锅稍微煎一下，就能推进烤箱烘烤，非常方便。烤箱的热度能把汉堡肉烤得柔软多汁，不会出现只有表面变硬的情况。

作法

❶洋葱切碎后放进耐热容器中，加入奶油后盖上保鲜膜，以微波炉加热 2 分钟，取出放凉备用。

❷马铃薯洗净后，不削皮直接放进耐热容器中，盖上保鲜膜，以微波炉加热 5 分钟，放凉后切成块状；芜菁连皮切成块状；蕃茄横切成 1cm 厚的片状。

❸在碗盆里放入猪绞肉，接着加入盐、胡椒、肉豆蔻，揉捏搅拌至颜色变白为止。加入鸡蛋混合搅拌均匀，变软后再加入作法❶的洋葱拌匀。

❹将作法❸的食材分成 4 等份，以投接球的方式用双手将空气挤压出来，捏成饼状。

❺在锅中倒入橄榄油加热，排入作法❹的食材，以中火将两面煎焦。在锅子的缝隙间放入作法❷的马铃薯与芜菁，并将锅子直接放在烤盘上。

❻放进烤箱中，以 190℃的高温烘烤 8 分钟后，在汉堡肉上摆放芝士与作法❷的蕃茄，接着撒上胡椒与披萨草，再进烤箱烘烤 5 分钟即可。

马铃薯块加入牛奶、奶油等
材料,再用捣泥器仔细捣碎。

先炒一半分量的绞肉。搅拌
材料时,建议使用打蛋器或
木勺等辅助工具。

绞肉上铺满马铃薯泥,记得
将整体食材全部覆盖,再用
硅胶刮刀慢慢摊平。

牧羊人派

这是一道在《哈利·波特》中曾出现过的英式家庭料理。
虽然被称为派点，但其实就是在绞肉上铺上马铃薯泥，
再放进烤箱烘烤而成的简易料理。

材料（4人份）

马铃薯泥

马铃薯	4 颗
牛奶	1/2 杯
鸡粉	1 小匙
奶油	15 g
盐、胡椒	各少许

绞肉馅

猪绞肉	500 g
洋葱	1 颗（小）
香菇	4 朵
色拉油	1 大匙
蕃茄酱、日式酱汁	各 3 大匙
鸡蛋	1 颗
面包粉	1 杯
披萨用芝士	80 g
百里香	少许

使用道具：
♥ 酷彩妈咪锅

作法

❶制作马铃薯泥。将马铃薯切成一口的大小，用刚好盖过马铃薯的水量烹煮，等马铃薯变软后再倒掉水，放回炉上加热，一边摇晃使水分蒸发，一边制成马铃薯块。

❷牛奶放入耐热容器中，以微波炉加热，接着加入鸡粉及奶油搅拌，使其溶解。

❸在作法❶的锅中加入作法❷的食材、盐和胡椒，将整体拌匀之后，再用捣泥器把马铃薯压碎。

❹制作绞肉内馅。洋葱、香菇切成粗丁。在锅子里倒入色拉油加热，加入洋葱拌炒至软化，再加入一半的绞肉炒散，等肉变色后加入香菇拌炒均匀。

❺将所有材料融合之后，加入蕃茄酱、日式酱汁调味后熄火。

❻在作法❺的食材里加入剩下的绞肉、鸡蛋、面包粉，用打蛋器搅拌均匀后摊平放置。

❼放进烤箱前再修饰一下。在作法❻上放上作法❸的马铃薯泥，以硅胶刮刀抹平，最后再撒上披萨专用的芝士和百里香。

❽将作法❼的食材放进 190℃的烤箱中烘烤 20 分钟，再以 180℃继续烘烤 15 分钟即可。

酷彩的百年历史，
居然和"炮弹"有关？

刚脱模的铸铁锅。创
业初期，酷彩工厂里所
有的作业都以手工的
方式进行。

酷彩虽然创立于 1925 年，但是却被称为"拥有百年历史"，这是因
为酷彩于 1957 年并购了一间早在 16 世纪就已开始营业的铸铁老店"les
Hauts Fourneaux of Cousances（库桑斯铸铁铺）"。

并购之后，酷彩继承了库桑斯（Cousances）数百年的传统工艺。
虽然随着时代的进步，制作的过程或多或少都有些改变，但是酷彩的每
一个锅子，仍是经由技巧纯熟的职人，以双手及双眼反复谨慎地确认，
亲手打造出来的。

请容我再多介绍一些关于库桑斯的历史沿革。库桑斯成立于
1553 年，它的工厂位于北法洛林地区默兹省一个叫做库桑斯莱福日
（Cousances les Forges）的村落。在成立初期，库桑斯主要负责制造
大炮的子弹，大约在 200 年前，它才开始制造铸铁锅，可谓是真正的
"铸铁专家"，也是一座相当有历史的铸铁工厂。

Part **4**

上得了餐桌，
也下得了厨房！

百变造型瓷器，
做出美味小菜&点心！

造型瓷器色彩丰富多变，
不只能当作餐具，把餐桌点缀得更活泼可爱，
制作小菜、点心或分装料理，更是难不倒它！

佛朗明哥蛋

只要打颗蛋后，再推进烤箱烘烤，
最后把烤得滑嫩的蛋与其他食材搅拌一下，就可以开动了。
就算是忙碌的早晨，也能快速做出好料理。

材料（2 人份）

鸡蛋	2 颗
金针菇	1 包
培根	1 片
蕃茄酱（市售）	2/3 杯
橄榄油	适量
盐、胡椒	各适量

使用道具：
♥ 酷彩爱心烤盅
（宽 11 cm x 高 6cm）2 个

作法

❶金针菇去除根部，切成 3 等份，剥散后淋上橄榄油；培根切成约 1cm 宽。
❷蕃茄酱放入烤盅里，再加入作法❶的食材。
❸分别各打一颗蛋进去，再撒上一些盐、胡椒调味。
❹将作法❸的食材放进烤箱以 200℃的高温烘烤，或用小烤箱烘烤 10 分钟即可。

放入材料后将其摊平，接下来只要再打颗蛋就完成了。

蒜香油封虾

这是一道使用较多橄榄油蒸煮而成的简单料理。
把蒜头的风味锁进有弹性口感的鲜虾中，美味无比！
只要豪迈地撒上盐，与腌渍过的绿橄榄一起享用，
最后再配上冰凉的白酒，就是一道简单的冷盘料理。

材料（4人份）

虾	12只（中）
蒜头（带皮）	3~4颗
黑胡椒粒	1~2小匙
橄榄油	3~4大匙
盐	少量
腌渍绿橄榄	适量

使用道具：
♥ 酷彩迷你椭圆烤盅
（宽12.5 cm x 高8.5cm）

作法

❶ 虾不去壳，用剪刀剪开背部，去除虾线。

❷ 在烤盅里放入作法❶的虾，加入蒜头、黑胡椒粒，淋上橄榄油后盖上锅盖。

❸ 将作法❷的食材放进烤箱以200℃的高温烘烤，或用小烤箱烘烤12分钟。

❹ 等虾变色后再撒盐调味。建议搭配腌渍绿橄榄一起享用。

带壳的虾，只要使用剪刀就能轻松去除沙筋。

油封料理必须使用多一点的橄榄油。放进材料之后，请记得盖上锅盖。

茄汁磨菇

想用小容器做些简单的配菜时，这道料理就是最好的选择。
它的材料不仅限于蘑菇，也可选用自己喜欢的各种菇类。
当料理与橄榄油融合在一起，便能演绎出独特的浓郁气味。

材料（4 人份）

蘑菇……………………… 7~8 个
培根……………………… 1 片
蕃茄……………………… 1/2 颗

汤汁

热水 ………………… 1/2 杯
鸡粉 ………………… 1/3 小匙
盐 …………………… 1/4 小匙
百里香…………………… 1~2 根
橄榄油…………………… 适量

使用道具：
♥ 酷彩迷你椭圆烤盅
（宽 12.5cm x 高 8.5cm）

作法

❶蘑菇对半切开；培根切成碎末；蕃茄切成约
1cm 的丁状。
❷将鸡粉与盐溶进热水中，混合均匀。
❸在烤盅里放入作法❶的蘑菇、培根、蕃茄、
百里香，加入作法❷的材料后盖上锅盖。
❹将作法❸的食材放进烤箱，以 180℃的高温
蒸烤 15 分钟，最后淋上橄榄油即可。

将所有材料放入烤盅里，再淋上
酱汁，放进烤箱蒸烤即可。

醋渍莲藕

腌渍酱菜无论再怎么出色，都只能做为餐桌上的配角，
如果能在主菜之外加上一道配菜，整体美味度就会大幅提升。
请尽情享受这种爽脆的口感与清爽的风味吧！

材料

莲藕（细）…………… 1/2 节（100g）
甜椒（黄）…………………………1/4 颗

腌渍酱汁

```
┌ 醋 ……………………………1/3 杯
  砂糖 …………………………… 2 大匙
  盐 …………………………………1/3 小匙
└ 水 ……………………………1/3 杯
```
* 青胡椒、红胡椒（或黑胡椒）
…………………………………… 各 4~5 颗

使用道具:
♥ 酷彩爱心烤盅
（宽 11cm x 高 9cm）

● 枝元老师的美味笔记

青胡椒是经过真空冷冻，或是
将未成熟的果实直接干燥制成的，
因此仍保有胡椒果实外皮的绿色。
除了辛辣味与香气之外，用它淡绿
的颜色来配色也很漂亮！

* 编者注：胡椒有四种，分别是青胡椒、黑
胡椒、红胡椒和白胡椒。全部来自胡椒的果
实，只是成熟期及加工方式不同。青胡椒即
未成熟的胡椒果实，可以整串摘下来煮菜。
青胡椒摘下来，经过风干和发酵即成黑胡
椒。如果把青胡椒留在树上继续生长，果
实成熟，由青色变红色，摘下来烘干后会变
成红胡椒。把红色胡椒果实摘下来，拿去
浸水、去皮、烘干，就会变成白胡椒。

作法

❶在烤盅里将腌渍酱汁混合均匀，再放进微波
炉加热 1 分钟。

❷莲藕去皮后切成 7~8 mm 厚的片状，用水冲
洗一下；甜椒切成容易入口的大小。

❸将作法❶的酱汁与❷的莲藕、甜椒、青胡椒、
红胡椒全部放入烤盅后盖上锅盖，以微波炉加
热 2 分半至 3 分钟，取出放凉即可。

将莲藕和甜椒放入事先准备好的腌渍酱
汁里。

盖上锅盖，放入微波炉加热，加热时间
可依照个人喜好调整。

鲑鱼沙拉

　　酷彩的每一个造型瓷器都相当鲜艳可爱，不只能用来当作餐具，放在餐桌上，整个餐桌也会瞬间跟着明亮起来。因为它的尺寸迷你，所以临时想多做一道菜时，就能发挥耐热容器的功用。

　　这里来介绍几道用迷你烤盅做的小菜。因为烤盅造型迷你可爱，我常常一边做菜，一边觉得自己好像在玩办家家酒呢！这几道菜都需要先放进微波炉加热，取出搅拌后再次加热。这时，造型容器的把手设计就会非常方便，而且它附有锅盖，不需要再另外包覆保鲜膜。

奶油地瓜

玉米花椰菜

无论是想煮个小东西果腹，还是早餐、便当的配菜及下酒菜、搭配料理的小菜，全都难不倒它！轻轻松松就能做好美味料理，请各位一定要尝试看看。

鸡肉泥

材料（容易制作的分量）

绿色花椰菜…… 4 朵（约 50 g）
玉米（冷冻）…………… 3 大匙
奶油………………… 1 块（约 8 g）
盐、胡椒………………………少许

作法

❶玉米放在滤盆中，用水冲洗一下后沥干水分。
❷在造型瓷器中放入绿色花椰菜，撒上玉米，再以盐和胡椒调味。最后摆上奶油。
❸盖上锅盖，以微波炉加热 90 秒即可。

玉米花椰菜

很适合当作便当配菜！
充满奶油香味的甘甜小菜，

玉米与绿色花椰菜是绝配的美味组合!

材料

鸡绞肉………………… 100 g
姜（切丝）…………… 1 薄片

Ⓐ
　砂糖 ………… 1 小匙
　味醂 ………… 1 小匙
　酱油 ………… 1 大匙

鸡肉泥

是大人也会喜欢的味道。
特别加入辛辣的姜来提味，

作法

❶在造型瓷器中放入鸡绞肉、姜丝和Ⓐ调味料，以叉子搅拌均匀后盖上锅盖。
❷将作法❶的食材以微波炉加热 2 分钟，取出后搅拌一下。
❸第二次加热时不用盖上锅盖，直接以微波炉加热 1 分钟，取出后搅拌一下，使味道渗透即可。

把调味料加进鸡绞肉中，稍微拌开使味道渗透。

第二次加热时，不用盖上锅盖，让水分蒸发。容器很烫，请特别小心!

鲑鱼沙拉

再加入美乃滋。料理的诀窍是先放凉后，

作法

❶鲑鱼去皮、去骨后切成 3~4 片，放入烤盅里，撒上酒及胡椒，轻轻地按摩一下。盖上锅盖，静置 3~4 分钟。

❷将作法❶以微波炉加热 2 分钟后，用叉子搅散。

❸等作法❷的食材放凉后，再加入美乃滋充分搅拌均匀。

材料

盐渍鲑鱼（片状）… 1 片
米酒……………… 1/2 大匙
胡椒……………… 少许
美乃滋…………… 2 大匙

撒上调味料后，轻轻地按摩一下使其入味，然后静置一会儿，让味道渗入食材中。

奶油地瓜

与地瓜味道真是绝配！甘甜的蜂蜜加上奶油，

材料

地瓜……… 1/2 条（100 g）
蜂蜜……………… 1/2 大匙
奶油…… 1 小块（约 8 g）
盐………………… 少许

作法

❶地瓜洗净后连皮切成 1~1.5cm 的块状。浸泡水中 5 分钟后捞起沥干。

❷将作法❶的地瓜放入烤盅里，加入蜂蜜、盐拌匀。再放上奶油，并盖上锅盖。

❸将作法❷的食材以微波炉加热 90 秒，取出后搅拌一下。然后再次盖上锅盖，继续加热 1 分钟即可。

加热后，用叉子将鲑鱼搅散成蓬松状。

使用道具：
♥P.80~P.81 所使用的造型瓷器都是酷彩的迷你圆烤盅（直径 10cm x 高 8cm）。

烤蕃茄肉片千层

只要把蔬菜与肉反复地层层堆叠，再放烤箱烘烤即可。
虽然是一道小菜，但却分量十足，味道也好得没话说。
搭配米饭或面包都很合适，当作晚餐主菜也没问题！

材料（2~3 人份）

猪肉片 ······························200 g

Ⓐ
- 盐 ······························1/2 小匙
- 胡椒 ·····························少许
- 披萨草 ························1/2 小匙

洋葱 ·····························1/4 颗
圣女果 ····························6 颗
橄榄油·····························1 小匙

使用道具：
♥ 酷彩迷你椭圆烤盅
（宽 12.5cm x 高 8.5cm）

● 枝元老师的美味笔记

只要把蔬菜与肉一层一层堆叠
起来，放进烤箱烘烤即可，就是这
么简单。记得盐也要一层一层慢慢
地撒上去哦！建议事先将所需分量
的盐与香料以小碗分装，避免搞混。
料理完成之后，可以依个人喜好加
黄芥末一起享用，非常美味。

作法

❶洋葱切成薄片；圣女果去除蒂头后对半切开；
将调味料Ⓐ混合均匀。

❷烤盅内侧涂上橄榄油，接着铺上 2~3 片猪肉
片，再撒上少许的调味料Ⓐ。

❸在肉片上均匀铺上 1/3 分量的洋葱、圣女果，
接着再堆叠 2~3 片肉片，撒上少许的调味料Ⓐ，
不断重复此步骤。最后一层肉片撒上调味料Ⓐ
后，涂少许橄榄油，并盖上锅盖。

❹将作法❷的烤盅放进烤箱，以 200℃的高温
烘烤，或用小烤箱烘烤 15~18 分钟。以竹签戳
刺，没有汁液流出即可。

❺稍微放凉后，即可垂直切开食用。而容器底
部的汤汁，则可以用来当作淋酱使用。

鳀鱼薄烤马铃薯

马铃薯与鲜奶油是创造美味的好搭档，
再加上鳀鱼独特的风味及咸味，
就能交织出一场丰富的味觉飨宴。

材料（2~3 人份）

马铃薯·····························3 颗
洋葱·····························1/4 颗
鳀鱼·····················1 罐（约 40 g）
百里香、披萨草·····················适量
鲜奶油·····························1 杯
胡椒·····························少许
橄榄油·····························少许

使用道具：
♥ 酷彩长方形烤盘
（宽 8cm x 长 13cm x 高 4.5cm）

● 枝元老师的美味笔记

在料理这道菜时，不需要先加盐，因为品牌不同，鳀鱼罐头的咸度也会有所不同。想吃时可以先盛到自己的盘子里，再依照个人喜好以盐调味。

作法

❶ 用刨片器将马铃薯刨成圆形薄片；洋葱切成薄片。

❷ 在烤盅内侧涂上橄榄油，放入马铃薯及洋葱。接着将鳀鱼撕开铺上，再加上喜爱的香料调味。

❸ 将作法❷的食材铺平，倒入鲜奶油，再轻轻地撒上胡椒。

❹ 将作法❸的食材放进烤箱，以 200℃的高温烘烤 20~30 分钟。烤到可用竹签顺利刺穿即可。

不太会切薄片的人，可以使用刨片器！

放进所有材料后，把表面铺平，接着再淋鲜奶油。

简易奶油白酱

轻松变出焗烤料理！事先调制秘方酱料。

你是不是很喜欢吃焗烤，但却觉得白酱的作法困难，自己不可能做得出来呢? 让我介绍一个超级简单，而且绝对不会失败的白酱作法。我使用直径 20cm 的圆锅制作白酱，这种锅子不但导热性佳，而且温度稳定，能够轻松做出滑顺的白酱。

白酱可以用来当作浓汤或酱料使用，只要把蛋打散，再加入白酱，就可以做出松软的欧姆蛋了。

将低筋面粉加入冷牛奶中。

仔细搅拌至低筋面粉没有结块为止。

加热至冒泡后转成小火，加入奶油烹煮。这时请用刮刀搅拌，加热至变为浓稠状为止。

材料（3 杯份）

低筋面粉·············5 大匙（约 40 g）
牛奶·································3 杯
奶油································40 g
盐··································1/2 小匙
胡椒·································少许
肉豆蔻·······························少许

作法

❶ 在锅中加入牛奶及低筋面粉，用打蛋器充分拌匀至没有结块为止。

❷ 以较强的中火加热，一边搅拌一边加热。

❸ 锅中冒泡之后，就转成小火，加入奶油。用硅胶刮刀在锅底以画 8 字形的方式搅拌，继续烹煮 5~6 分钟。

❹ 等酱汁变浓稠状后，加入盐、胡椒和肉豆蔻调味即可。

* 为了避免伤害锅体，请尽量使用硅胶制刮刀、硅胶或木制的打蛋器。

将白酱冷藏保存

白酱放凉后移至密封容器中，盖上密封的保鲜膜，盖紧锅盖放进冰箱，冷藏可以保存 4 天左右。

芝士焗蛋

味了！

随着芝士一起融化在嘴里，实在太美

奶香浓郁的酱汁与松软滑嫩的炒蛋，

材料（3~4 人份）

鸡蛋	5 颗
鸡腿肉	1/2 片
金针菇	1 包
洋葱	1/4 颗
色拉油	1/2 大匙
白酱（请参照 P.86）	2~3 杯
披萨用芝士	80g
盐、胡椒	少许

使用道具：
♥ 酷彩迷你爱心烤盅
　（宽 11cm x 高 9cm）3~4 个

● 枝元老师的美味笔记

　　用烤箱烘烤食材时，热度会不断进入材料中，所以一定要趁鸡蛋还柔软时赶快熄火；如果烤得太久，鸡蛋很容易变硬。此外，鸡蛋会在烘烤的过程中稍微膨胀，所以白酱只须放到容器的六到七分满就好。

作法

❶ 鸡腿肉切成一口大小，以盐和胡椒调味；金针菇去除根部，切成 3 等份；洋葱切成薄片。

❷ 制作蛋液。将鸡蛋打在碗里，加入盐和胡椒拌匀，接着加入 4 大匙白酱。烤盅内侧抹上一层薄薄的色拉油。

❸ 用平底锅加热色拉油和奶油，拌炒作法❶的鸡肉和洋葱。等鸡肉变色、洋葱变软后，再加入金针菇炒匀。

❹ 等作法❸的材料全部融合后，加入作法❷的蛋液拌匀。等全体变为浓稠状后熄火。

❺ 将作法❹的食材分别装入作法❷的烤盅里，约六到七分满，再撒上芝士。

❻ 放进烤箱以 230℃的高温烘烤 5~6 分钟，表面上色即可。

▼用白酱将材料与芝士拌匀，等全体融合在一起后，再放入烤盘。

鳕鱼白花椰菜焗烤

把白酱淋在先前用来做蒸煮料理的材料上，
与披萨专用芝士拌匀后，放进烤箱烘烤，就是一道香喷喷的焗烤料理。

材料（2人份）

白色花椰菜………	1/2 颗（约200 g）
芋头…………	2 颗（约150 g）（大）
＊白肉鱼（鱼片）………	2 片
盐、胡椒………	少许
白酒………	1/2 大匙
Ⓐ┌鸡粉………	1/2 小匙
└热水………	1/4 杯
橄榄油………	1/2 大匙
白酱（请参照 P.86）………	1.5 杯
披萨用芝士………	60 g
面包粉………	2 大匙
奶油………	15 g

使用道具：
♥ 酷彩长方形烤盘
（宽 15.3cm x 长 21cmx 高 4.4cm）

＊ 这里使用的是鳕鱼，可依个人喜好选择。

作法

❶白色花椰菜分成小朵状；芋头切成约1cm 的半月形；白肉鱼去皮、去骨后，斜切成一口大小，以盐和胡椒调味，再淋上白酱轻轻地按摩；鸡粉溶于热水中备用。

❷在平底锅中倒入橄榄油，加入作法❶的白色花椰菜与芋头稍微拌炒，再倒入材料Ⓐ。铺上鱼肉后盖上锅盖，以中火蒸煮 5 分钟。

❸在碗盆中放入白酱，与作法❷的食材和芝士拌匀后，移至烤盘上。

❹在作法❸的食材上铺满面包粉，放上撕碎后的奶油，放进烤箱以 200℃的高温烘烤 10 分钟即可。

▼在蕃茄炒饭上淋上满满的白酱，再用硅胶刮刀铺平。

茄汁鲜虾焗烤饭

酸酸甜甜的蕃茄酱炒饭，是不论几岁都吃不腻的美味。
只要淋上白酱，再放进烤箱烘烤至上色就完成了！

材料（2人份）

白饭（温）………………… 2~3 碗
洋葱…………………………1/3 颗
培根…………………………… 2 片
虾（或虾仁）…………………… 100 g
橄榄油………………………1/2 大匙
奶油…………………………1/2 大匙
蕃茄酱…………………… 4 大匙
盐、胡椒…………………… 各适量
白酱（请参照 P.86）…………1.5 杯
帕玛森芝士…………………… 3 大匙

使用道具：
♥ 酷彩长方形烤盘
（宽 24cmx 长 17.9cmx 高 4.9cm）

作法

❶洋葱切成碎末；培根切成约 1cm 宽；虾去壳、去尾、去虾线（虾仁则用水洗净后沥干水分），以盐和胡椒调味。

❷在平底锅中倒入橄榄油和奶油加热，加入作法❶的洋葱与培根稍微拌炒。等洋葱炒透之后，再加入虾拌炒均匀。

❸虾变色后，加入白饭炒散，再加入蕃茄酱、盐和胡椒调味。

❹将作法❸的食材放在烤盘上，淋上白酱。

❺撒上帕玛森芝士，放进烤箱以 220℃的高温烘烤，或用小烤箱烘烤 7~8 分钟，直到变得焦香即可。

酥脆迷你面包

这里所介绍的迷你面包都是不需要发酵的简易面包，至于面包的内馅，无论葡萄干或蓝莓都很适合，做好后放进烤箱烘烤，马上就能吃到热腾腾的面包。

蔓越莓乡村芝士面包

酸甜的蔓越莓与核桃脆脆的口感，真是绝配！
这款面包的口感既柔软又温和。

材料（2 人份）

低筋面粉	100 g（约 1 杯）
发酵粉	1 小匙
盐	少量
奶油（无盐）	20 g
白干酪（茅屋芝士）	60 g
牛奶	2 大匙
蔓越莓、核桃（压碎）	各 2 大匙
色拉油	适量

使用道具：

♥ 酷彩圆烤盅
（直径 8.5cm x 高 5.5cm）2 个

将面粉与奶油混合成粥状后，再加入白干酪与牛奶拌匀。

作法

❶低筋面粉、发酵粉与盐混合在一起，过筛后放入碗盆内。

❷从冰箱取出的奶油，用面团切板或奶油刀切碎，再用手将奶油揉进作法❶的面粉材料里。

❸等面粉与奶油呈碎屑状后，加入白干酪与牛奶，用硅胶刮刀大致搅拌一下。

❹等作法❸的材料混合至没有粉状感时，加入蔓越莓及核桃拌匀，像是要把面团压进碗里一样，一边揉压，一边整理成团状。请注意不要过度揉捏。

❺在烤盅内侧抹上一层薄薄的色拉油，将作法❹的面团分成 2 等份后，放进容器中。

❻将作法❺的容器放进烤箱，以 180℃的高温烘烤 13 分钟即可。

▼ 可以在面包上涂芝士酱或果
酱来当作早餐，直接当作吐
司来吃也很美味！

爱尔兰苏打面包

外酥内软的经典面包，让人打从心底觉得好吃。

材料（2 人份）

低筋面粉……………… 100 g（约 1 杯）
发酵粉…………………………… 1 小匙
盐…………………………………… 少许
奶油（无盐）…………………… 15 g
牛奶……………………………………1/3 杯

使用道具：
♥ 酷彩迷你椭圆烤盘
（长径 12.5cm x 高 8.5cm）

把面粉与奶油用手指快速地混合成碎屑状。

加入牛奶后，注意不要过度揉捏面团。用硅胶刮刀大致搅拌一下，用手往碗盆内以按压的方式整理，按压成团状即可。

作法

❶ 将低筋面粉、发酵粉与盐混合在一起，过筛后放入碗盆内。

❷ 从冰箱取出的奶油，用面团切板或奶油刀切碎，再用手将奶油揉进作法❶的面粉材料里。

❸ 等面粉与奶油呈碎屑状后，加入牛奶与粉状材料搅拌均匀。不要用力揉搓，像是要把面团压进碗里一样，一边揉压，一边整理成团状。

❹ 在烤盅内侧抹上一层薄薄的色拉油，将作法❸的面团放入，并在面团表面划上切纹。

❺ 将作法❹的烤盅放进烤箱，以 180℃的高温烘烤 15~20 分钟，等面团膨胀、微焦即可。

一颗鸡蛋，做迷你蛋糕

造型瓷器不只能用来做小分量的配菜，做点心或甜点也不是问题。它漂亮的色彩与可爱的造型，能让美味更上一层楼。

下面我将介绍几个只要用一颗鸡蛋，就能轻松做出的迷你蛋糕。首先是用微波炉就能简单做出的海绵蛋糕。只要用微波炉加热，就能马上完成，步骤简单。可在蛋糕上撒糖粉、放上莓果类、鲜奶油、果酱或酱料，依个人喜好自由发挥即可。

海绵蛋糕

直接摆上桌就很可爱，
也可以倒出来做一些装饰点缀，
变身成为迷你小蛋糕。

作法

❶低筋面粉与发酵粉混合后过筛，在烤盅内侧涂上薄薄的一层奶油。

❷将奶油与牛奶放进容器中，盖上保鲜膜，用微波炉加热 40 秒。

❸在碗盆中打入鸡蛋，以打蛋器或搅拌机打散。接着分 2 次加入白砂糖，打至发泡。

❹将作法❶的粉状材料分 3 次加入，用硅胶刮刀以切拌的方式快速混合均匀。

❺加入作法❷的材料大致拌匀，让所有材料融合在一起。

❻在烤盅里放入作法❺的材料，盖上锅盖，以微波炉加热 3 分半。如果没有锅盖，就留一些空气，松松地包上一层保鲜膜。

❼蛋糕冷却后撒上糖粉，再依照个人喜好装饰蓝莓等水果即可。

把蛋打散后，分 2 次加入白砂糖，打至泡沫的尖端能立起来为止。

加入过筛的粉状材料，用硅胶刮刀以切拌的方式混合进去，注意不要搅散气泡。

加入融化的奶油与牛奶。

和用烤箱烤出来的不一样，口感柔软又扎实。

材料（2人份）

低筋面粉…… 6大匙（约50g）
发酵粉……………………… 2/3小匙
鸡蛋……………………………… 1颗
白砂糖…………………………… 3.5大匙
奶油（无盐）…………………… 15g
牛奶……………………………… 2大匙
糖粉……………………………… 适量
蓝莓……………………………… 适量

使用道具：
♥ 酷彩爱心烤盅
（宽11cm x 高6cm）2个

大致将材料拌匀。

将面糊倒入涂上奶油的烤盅里，盖上锅盖后放进微波炉加热。

擦掉溢出来的面糊，放凉后撒上糖粉，再放一些水果做装饰。

将奶油与砂糖用戳刺的方式混合，整体拌匀后加入鸡蛋，继续搅拌均匀。

▼

将面糊倒入烤盅里，再摆上苹果片。

苹果蛋糕

柔软的蛋糕体上，排列如斑马花纹的苹果，造型非常可爱。
苹果的酸味与肉桂的香气搭配得恰到好处。

材料（2 人份）

苹果·······································1/4 颗
柠檬汁···································· 1 小匙
Ⓐ ┌ 低筋面粉 ······4 大匙（约 30 g）
  │ 发酵粉 ···························1/3 小匙
  │ 杏仁粉 ···························· 20 g
  └ 肉桂粉 ···························· 少许
鸡蛋······································· 1 颗
奶油（无盐）···························· 50 g
＊红糖····································· 2 大匙
肉桂棒································· 1~2 根

使用道具：
♥ 酷彩迷你椭圆烤盘
（长径 12.5cm x 高 8.5cm）

＊这里使用的是风味甘醇的红糖，也可以使用普通的白砂糖代替。

作法

❶将材料Ⓐ的粉状材料混合均匀；烤盅内侧涂上一层薄薄的奶油；鸡蛋和牛奶放在室温下回温。

❷苹果去芯后连皮切成约 5mm 厚的瓣状，再淋上柠檬汁。

❸在碗盆中放入奶油，用打蛋器压成霜状，接着将糖一匙一匙地加入混合，再加入鸡蛋拌匀。

❹将作法❶的粉状材料分 3 次加入，以切拌的方式大致混合均匀。

❺将作法❹的食材倒入烤盅，摆上作法❷的苹果片后，再摆上肉桂棒。

❻将作法❺的烤盅放进烤箱，以 180℃的高温烘烤 20 分钟即可。

将奶油与砂糖用戳刺的方式混合，整体拌匀后加入鸡蛋，继续搅拌均匀。

▼

加入粉状材料后，从底部捞起面糊，以切拌的方式大致拌匀。

香蕉蛋糕

这款蛋糕的香蕉风味非常浓郁香甜，只要再配上牛奶，
就是一顿完美的早餐了。选择已经成熟的香蕉，才能做出美味的蛋糕！

材料（2 人份）

香蕉……………………………… 1 根
柠檬汁…………………………… 少许
低筋面粉……………9 大匙（约 70 g）
发酵粉…………………………… 1 小匙
白砂糖…………………………… 3 大匙
鸡蛋……………………………… 1 颗
奶油（无盐）…………………… 40 g
核桃（压碎）…………………… 2 大匙

使用道具：
♥ 酷彩迷你圆烤盅
（直径 9.5cm x 高 5.5cm）

作法

❶低筋面粉与发酵粉混合后过筛备用；在烤盅内侧涂上一层薄薄的奶油；鸡蛋和牛奶放在室温下回温。

❷香蕉留下 2/3，其余 1/3 则切成约 7mm 的厚片状作为装饰，再淋上柠檬汁。

❸在碗盆中放入奶油，用打蛋器压成霜状，接着将糖慢慢加入混合拌匀。

❹加入鸡蛋拌匀，接着加入作法❷的 2/3 根香蕉，压碎后大致拌匀。

❺将作法❶的粉状材料分 3 次加入，以切拌的方式大致混合均匀。

❻将作法❺的食材倒入烤盅，接着摆上装饰用的香蕉，放进烤箱以 180℃的高温烘烤 17~18 分钟即可。

巧克力蛋糕

巧克力蛋糕拥有湿润的口感、浓郁的味道。
使用红色爱心烤盅来烘烤，在情人节或圣诞节等节日，
都很适合用来当作量身定做的点心。

材料（2 人份）

巧克力·····························40 g
奶油（无盐）·····················30 g
低筋面粉·················3 大匙（约 25 g）
发酵粉··························1/3 小匙
鸡蛋································1 颗
白砂糖···························2 大匙
* 甘露咖啡酒······················适量
糖粉······························适量

使用道具：
♥ 酷彩爱心烤盅
（宽 11cm x 高 9 cm）2 个

* 甘露咖啡酒是在蒸馏酒中加入咖啡豆与
糖分混合制成一种酒类。甜中带点苦味，
香气浓郁是它的最大特征。

作法

❶低筋面粉与发酵粉混合后过筛备用；在烤
盅内侧涂上一层薄薄的奶油；鸡蛋和奶油放
在室温下回温。

❷巧克力切碎后，放进耐热碗盆中盖上保
鲜膜，以微波炉加热 40 秒 ~1 分钟，充分
搅拌使其融化。

❸趁热在作法❷的巧克力液中加入奶油，用
打蛋器搅拌均匀。再分次加入白砂糖，拌匀
后再加入鸡蛋，将整体搅拌均匀。

❹将作法❶的粉状材料分 3 次加入，用硅胶
刮刀以切拌的方式大致拌匀。如果有甘露咖
啡酒，可以加入拌匀。

❺将作法❹一半分量的食材倒入烤盅，放进
烤箱以 180℃的高温烘烤 17~18 分钟。

❻放凉后撒上糖粉即可。

把巧克力放进微波炉加热，趁还
温热的时候加入奶油，充分搅拌
均匀。

将粉状材料分 3 次加入。用硅
胶刮刀以切拌的方式稍微搅拌，
再大致上下翻搅。

最后加入甘露咖啡酒，大致搅拌
一下，使其充满香气。

面包布丁

让法式长棍面包充分地吸收蛋液后，
再加上融化的奶油提味，
就能制成简单的布丁。

材料（2 人份）

法式长棍面包 ···················· 80 g
奶油（无盐）···················· 20 g
鸡蛋 ······························· 1 颗
砂糖 ······························· 3 大匙
牛奶 ······························· 1/2 杯
香草籽 ···························· 少许
枫糖浆 ···························· 适量

使用道具：
♥ 酷彩圆烤盅
（直径 9.5cm x 高 5.5cm）2 个

作法

❶将法式长棍面包切成约 2cm 的一
口大小，在烤盅内侧涂上一层薄薄的
奶油。

❷将奶油放进耐热容器中，以微波炉
加热 30~40 秒使其溶解。

❸在碗盆里打入鸡蛋，接着加入砂
糖、牛奶充分混合之后，再加入香草
籽拌匀。

❹将作法❶的面包浸泡在作法❸的液
体中，静置 10 分钟，让面包充分吸
收蛋液，再加入作法❷的奶油，搅拌
均匀。

❺将作法❹一半分量的食材放入烤
盅，放进烤箱以 180℃的高温烘烤
10~12 分钟。最后，依照个人喜好淋
上枫糖浆即可。

将面包倒入蛋液中，大
致混合后静置备用。记
住，一定要让面包充分
吸饱蛋汁才行。

蓝莓烤奶酥

烤得香脆的奶酥，与口中化开的酸甜蓝莓，
在舌间交织出美妙的共鸣。
泥状的面团里加入红糖，可使味道更浓郁。

材料（2~3 人份）

蓝莓	100 g
低筋面粉	1 杯（约 100 g）
奶油（无盐）	60 g
白砂糖	2.5 大匙
牛奶	1 大匙

使用道具：
♥ 酷彩椭圆烤盘
（长 17cm x 宽 12cm x 高 4.5cm）

作法

❶将低筋面粉放入碗盆中，加入从冰箱取出的奶油，用奶油刀或面团切板切碎后，再以手将其混合。

❷等面粉与奶油变成碎屑状后，加入砂糖大略搅拌一下，再加入牛奶搅拌，使其变成泥状。

❸在烤盘内侧涂上一层薄薄的奶油，接着放入作法❷约一半分量的面糊后，用手指轻轻按压铺平。

❹在作法❸的食材上铺上蓝莓，接着将剩下的面糊均匀地倒在烤盘上。

❺将作法❹的烤盘放进烤箱，以200℃的高温烘烤 15~20 分钟，直到表面微焦即可。

在粉状材料中放入冷却的奶油，再用奶油刀等工具切碎，让面粉沾附在奶油上。

将变成泥状的面团大致收整一下，铺在烤盘底部，再加入蓝莓。

糖渍水果

封存水果的甜鲜香气

用水果来做一些奢侈的尝试吧！只要加入白砂糖与酒，再用微波炉加热几分钟，就能做出适合大人的甜点。它与新鲜的水果味道完全不同，别具独特美味。

糖渍橘子

清爽的香气搭配上肉桂，真是绝妙的好滋味！
这道点心一定要冰冰的才好吃。

材料（2 人份）

橘子·················	2 颗
白砂糖·················	4 大匙
君度橙酒···············	2 大匙
肉桂棒·················	1 根

使用道具：
♥ 酷彩圆烤盅
（直径 9.5cm x 高 5.5cm）2 个

盖上保鲜膜后，一定要先放在盘子上，再放进微波炉加热，以免糖浆溢出。

作法

❶橘子去皮，直到露出果肉为止。

❷在每个烤盅里各放入一个作法❶的橘子，接着分别撒上一半分量的白砂糖，再淋上君度橙酒。

❸分别加入 1/4 杯的水，肉桂棒先对折，再分别放上一半的分量。最后，留一些空气，松松地覆盖上保鲜膜。

❹将作法❸的烤盅放在耐热盘上，以微波炉加热 2 分钟。将橘子上下翻面，再次盖上保鲜膜，继续加热 1 分钟即可。

糖渍苹果杏桃

糖渍苹果的风味与口感，与新鲜苹果完全不同。
这道点心是用酸甜的黄桃，作为提味的重点食材。

材料（2 人份）

苹果……………………… 1 大颗
杏桃干…………………… 6 个
白砂糖…………………… 4 大匙
利口酒…………………… 2 大匙

使用道具：
♥ 酷彩迷你圆烤盅
（直径 10cm × 高 8cm）

> ● **枝元老师的美味笔记**
>
> 利口酒可以选用杏露酒或梅酒，依照个人喜好来增添风味及香气；也可以用苹果酿制的白兰地，做成大人口味的糖渍水果。

作法

❶苹果去皮后，切成 8 等份。

❷在烤盅里分别放入作法❶一半分量的苹果及杏桃干，接着撒上一半分量的白砂糖，再依照个人喜好淋上利口酒。

❸分别加入 1/4 杯的水，留一些空气，松松地覆盖上保鲜膜。

❹将作法❸的烤盅放在耐热盘上，以微波炉加热 2 分钟后。将苹果及杏桃上下翻面，再次盖上保鲜膜，继续加热 1 分钟后即可。

酒渍果干蜂蜜

白酒与蜂蜜充分渗入水果干中，味道湿润温和又甘甜。
可以直接食用，或加入红茶、酸奶里；
也可以用来代替果酱，或包进可丽饼里。

材料（2~3人份）

杏桃干……………………… 6个
李子干……………………… 6个
无花果干…………………… 6个
蜂蜜………………………… 3大匙
白酒………………………… 3大匙

使用道具：
♥ 酷彩迷你圆烤盅
　（直径 10cm x 高 8cm）

作法

❶李子干去籽后对半切开，放置备用。
❷在烤盅里放入作法❶的李子干、杏桃干和无花果干，再淋上蜂蜜与白酒。
❸将作法❷的烤盅盖上锅盖或封上保鲜膜，以微波炉加热 90 秒。将所有水果干上下翻面，再次盖上锅盖或保鲜膜，继续加热 90 秒即可。

●枝元老师的美味笔记

　　任何一种水果干都可以做成酒渍蜂蜜料理。这里用的是常见的杏桃、无花果和李子，而葡萄干或莓果类的组合也相当美味！可以依照自己的喜好自由搭配水果干。这道酒渍料理放入冰箱冷藏，大约可以保存 10 天。

在水果干上淋上蜂蜜与白酒，
滋味更醇厚。

图书在版编目（ＣＩＰ）数据

爱上铸铁锅：铸铁锅的不败料理秘籍．上册／（日）枝元奈穗美著；方冠婷译．－－北京：华夏出版社，2018.4
ISBN 978-7-5080-9305-5

Ⅰ．①爱…　Ⅱ．①枝…　②方…　Ⅲ．①菜谱 Ⅳ．① TS972.12

中国版本图书馆 CIP 数据核字 (2017) 第 220393 号

爱上铸铁锅：铸铁锅的不败料理秘籍．上册

作　　者	[日] 枝元奈穗美	印　　刷	北京华宇信诺印刷有限公司
译　　者	方冠婷	装　　订	三河市少明印务有限公司
责任编辑	布　布	版　　次	2018 年 4 月北京第 1 版
美术设计	殷丽云		2018 年 4 月北京第 1 次印刷
责任印制	刘　洋	开　　本	880×1230 1/32 开
		印　　张	3.625
出版发行	华夏出版社	字　　数	48 千字
经　　销	新华书店	定　　价	36.00 元

华夏出版社　网址:www.hxph.com.cn 地址：北京市东直门外香河园北里4号　邮编：100028
若发现本版图书有印装质量问题，请与我社营销中心联系调换。电话：（010）64663331（转）

地道日式家常味
来自日本家庭的 82 道暖心料理

黄金比例的舒芙蕾松饼

下午四点钟的茶会
在川宁遇见最迷人的英国茶文化